U0226112

财富方程式

拥抱富足、自洽与幸福的人生

THE ALGEBRA OF WEALTH
A SIMPLE FORMULA FOR FINANCIAL SECURITY

Scott Galloway

[美] 斯科特·加洛韦 著

赵灿 译

中信出版集团 | 北京

图书在版编目（CIP）数据

财富方程式：拥抱富足、自治与幸福的人生 /（美）
斯科特·加洛韦著；赵灿译 . -- 北京：中信出版社，
2024.11. -- ISBN 978-7-5217-6937-1

Ⅰ . TS976.15-49

中国国家版本馆 CIP 数据核字第 2024DG9642 号

The Algebra of Wealth: A Simple Formula for Financial Security by Scott Galloway

Copyright ©2024 by Scott Galloway

Simplified Chinese translation copyright ©2024 by CITIC Press Corporation

Published by arrangement with Scott Galloway c/o Levine Greenberg Rostan Literary Agency through

Bardon Chinese Creative Agency Limited

财富方程式——拥抱富足、自治与幸福的人生

著者：　　　［美］斯科特·加洛韦

译者：　　　赵灿

出版发行：中信出版集团股份有限公司

　　　　　（北京市朝阳区东三环北路 27 号嘉铭中心　邮编　100020）

承印者：　　嘉业印刷（天津）有限公司

开本：880mm×1230mm 1/32　　印张：10.25　　　字数：241 千字

版次：2024 年 11 月第 1 版　　印次：2024 年 11 月第 1 次印刷

京权图字：01-2024-4828　　　书号：ISBN 978-7-5217-6937-1

　　　　　　　　　　　　　　定价：69.00 元

献给亚历克和诺兰。

请读读这本书，好好照顾你们的老爸。

联袂推荐

做好长期投资，有助于实现财富自由。但是投资的前提是有钱可投，而投资的钱，来自我们自己这个宝贵的人力资产。如何提升人力资产的价值呢？养成良好的个人品格，选择好自己专注一生的事业，让时间发挥复利的威力。这也是这本书要告诉我们的。

——**银行螺丝钉**，首届金牛奖投顾主理人、《指数基金投资指南》作者

张爱玲说，出名要趁早，我不同意，因为你还不会理财。出名发大财不一定是好事，但是我要说，投资要趁早。只要你存下了几个月的生活费，再有的钱就都算作投资。你放在抽屉里、存入活期账户，也是投资，只不过是效率非常低的投资。 如何趁年轻布局好自己的投资，修炼起投资的本领和智慧，《财富方程式》一书都告诉你了。人的成长就是从主要靠卖时间赚钱，变成主要靠钱赚钱的过程。

——**史欣悦**，君合律师事务所合伙人、《自洽》《有言以对》作者

你在职业生涯初期所做的决定将产生复利，并进一步影响你成功的机会。这本宝贵的指南将引导你获得最佳的结果。

——**安妮·杜克**，认知心理学博士、《对赌》作者

这是一本罕见地说"大实话"的理财书，不仅会讲你关心的怎么挑理财产品、如何分配储蓄这些实际的投资策略，还包括是否读 MBA（工商管理硕士），怎样处理婚姻中的共同财产，如何根据 MBTI（迈尔斯-布里格斯人格类型测验）选择最能赚钱的岗位等渗透生活各方面的财富指南。无论是遇到投资理财方面还是人生方面的困惑，这本书都将成为你

的案头工具书，为你提供实际且有效的解决之道。

——温义飞，知名财经作家

如果在职业生涯起步时，人们能有这样一本书来帮助理解财务、投资以及决策，这无疑会是一个事半功倍的起点。

——徐涛，声动活泼公司创始人

理财不只等于投资，它还包括留住财富的品格塑造、人生优先级的梳理、对金钱意义和财富终极目的的深刻理解、职业选择的逻辑、自我天赋的认知等，这些都是"钱生钱"的重要基石。很少有理财类的书，能把这些因素都囊括进来，形成一个完整的公式。作者犀利的写作风格和只拣重点的阐述，也使这本书少了令人困惑的术语，为读者增加了启发与参考。

——携隐 Melody，播客《纵横四海》*Ready Go* 主理人

不要把它仅仅当成一本教你投资理财的书！在《财富方程式》里，作者用犀利而幽默的语言揭示了如何在变幻莫测的经济环境中找到自己的天赋，逐步搭建财务护城河，获得对自己工作与生活的掌控感。这不仅是一本关于投资的书，更是关于人生选择与财富自由的宝贵指南。无论你处于职业生涯的哪个阶段，它都将为你提供切实可行的智慧。我从这本书中获益许多，强烈推荐给你。

——雨白，播客《知行小酒馆》《油条配咖啡》主播

专注 +（自律 × 时间 × 分散投资），每个词拆出来我都知道，但是作者创新地将它们组成了一个公式。这是一本很落地的书，让普通人也有机会实现一定程度的财富自由。

——小辉，播客《搞钱女孩》创始人、主播

如果财富只是数字，世上就不会有如此多烦恼。真相是，财富是一整套东西，它是你理解这个世界的角度，是一种生活方式，是一套社会伦理。财富涉及太多：选择城市，选择结婚对象；教育子女，平衡家人，传承财产；配置大类资产，对冲风险；如何自洽，怎么获得幸福……财富没有最优解，每个人都会走出一条属于自己的净值曲线，斜率和净值并不是唯一的考核标准。

——**老钱**，播客《面基》主播

看完这本书后，你会发现其中有大量"常识"和"箴言"类的内容，其中很多点我都越看越认同。我这 10 多年的工作就是和最优秀的创始人、投资人打交道，我真的发现最终决定财富和命运的就是这些"鸡汤"，比如"性格决定命运""好习惯决定好人生"，等等。所以，你可以把这本书当作一本财富入门图书，也可以当作一个可以温故知新的工作手册。我相信，一个人如果能真的践行好这本书所写的东西，就一定不会混得太差。

——**曲凯**，"42 章经"创始人

《财富方程式》是一本值得放在床头睡前翻阅的好书。这本书不会教你如何发财，而是指明了一条通往富足、自洽的幸福人生之路。如果你觉得通读这本书太累，你可以翻到任何一部分的"财富指南"，看看有没有困扰你财务和生活的问题，在书中你很有可能会找到答案。

——**杨天楠**，长波家庭财务工作室创始人

这本书中整理了 100 多条作者的人生经验，也许不是每条都能立刻拿来就用，但借用书中的一句话，这里有"无论你多么有才华或努力都无法获得的东西：不同的视角"。

——**也小谈**，《工薪族财务自由说明书》作者

这不仅是一本关于如何实现财富自由的指南，而且是一本深刻探讨个人品格与财富之间关系的杰作。作者凭借丰富的经验和敏锐的洞察力，巧妙地将自律、专注和智慧等品质融入财务管理，为我们全面而深刻地揭示了财富增长的本质。对所有希望在复杂世界中找到稳定的立足点，并寻求全面发展的个人而言，《财富方程式》绝对值得一读。

——**格兰**，财经新媒体"格兰投研"主理人、对冲基金前首席投资官

这是一本和财富有关的书。我们需要这样一本书。首先，我们在生活中需要钱。吃饭需要钱，睡觉需要钱，孩子上学需要钱，老人看病需要钱。没有钱，我们寸步难行。其次，我们对钱的认识又近乎妖魔化。在很多人的认识里，钱的来源通常是肮脏的。我们很少和他人在一起直接交流跟钱有关的内容。从小到大也没有人教我们该怎么赚钱，这导致很多人在走向社会之后，连生存的技能都没有。这一定是哪里出了问题。这本书会告诉你该怎么理解钱，怎么用正确的方法获得钱。在推荐给你之前，我已经看过一遍了，我还会看第二遍。

——**姜胡说**，财经博主

《财富方程式》不仅是一本关于财富积累的指南，更是一次心灵与财务的双重启航。作者以其丰富的商业和投资经验，提炼出"财富 = 专注 +（自律 × 时间 × 分散投资）"这一直观公式，为年轻人和投资领域的新手提供了宝贵的导航。从改善消费习惯到精通金融市场，从职业选择到资产配置，书中满载着实用的行动建议。无论你是寻求财富自由，还是渴望在职业与生活中找到平衡，这本书都将是你不可或缺的财富秘籍。它不仅会教你如何赚钱、花钱，更重要的是，它还告诉你如何拥抱富足、自洽与幸福的人生。

——**张自豪**，青年作家、清华大学苏世民学者、FITO 创始人

目　录

第三部分

时间

前言

财富

————

　　资本主义可能是有史以来最富成效的经济体系，但也是一头贪婪的巨兽。资本主义偏袒既得利益者，而非创新者；偏爱富人，而非穷人；青睐资本，而非劳动力。资本主义对快乐和痛苦的分配方式也往往是不公平的。理解并驾驭资本主义和投资，可以让你摆脱财务焦虑，拥有选择权和掌控感，建立良好的人际关系。这本书不探讨理想，只聚焦现实，为你概述在这个体系中取得成功的最佳方式。

　　财富之门，万千路径皆可通。肖恩·卡特，这位在纽约布鲁克林公租房长大的高中辍学生，凭借与生俱来的节奏感，化名Jay-Z，打造出一个商业帝国，成为第一位嘻哈音乐界的亿万富翁。罗纳德·里德是其全家第一个高中毕业生，他一辈子做清洁工，为生活精打细算，投资蓝筹股。他在92岁去世时，留下了价值800万美元的遗产。沃伦·巴菲特出身优渥，他在美国奥马哈的一间股票经纪人办公室里度过了自己的童年时光，并将当时学到的经验融入自己的投资生涯，积累了逾千亿美元的个人财富。

我的第一条建议是，不要把自己幻想成 Jay-Z、里德或巴菲特。他们都是万里挑一的人才，不仅天赋异禀，而且运气爆棚。这些特例固然能激励人心，但绝非好的榜样。更常见、更值得借鉴的是那些勤俭持家的清洁工和精打细算的投资者。他们没有一夜暴富，而是走出了一条平稳而扎实的财富积累之路。

20 多岁时，我的目标是出人头地。我渴望获得资本主义定义下的成功，并愿意为之奋斗。在奋斗的过程中，有一次我和好友老李聊起了财务规划。他说，他在自己的退休账户上存了2 000 美元。当时的我还没有为退休存过钱。我的反应是"要是我到了 65 岁还在乎 2 000 美元，我就拿枪崩了自己"。

这话说得傲慢又幼稚。我那"孤注一掷"的策略确实比我朋友的更冒险，更让人焦虑不安。最终，我成功了，但与其说是因为我的能力强，不如说是因为我的运气好。我创立了 9 家公司，其中几家很成功。创业成功后，我开启了自己的传媒事业。这些经历让我无论是在物质上还是精神上都得到了满足。财富自由只是实现人生目标的一种手段，具体而言，我的人生目标就是拥有专注于人际关系所需的时间和资源，不必承受经济压力。我的朋友实现财富自由的道路比我的更平稳，压力也更小。虽然我也在我的道路上走到了今天，但如果我早点儿应用一些关键原则，我就能以更快的速度、更少的焦虑达到同样的状态。

财富公式

如何获得财富自由？好消息是，这个问题有答案；坏消息是，你要慢慢来。本书将大量关于市场和财富创造的信息提炼成 4 条可行的原则。

财富

＝专注＋（自律 × 时间 × 分散投资）

本书不是一本普通的个人理财书。书里没有让你填写的电子表格，也没有大量图表来详细对比 10 种不同的退休计划或共同基金费用结构的优劣。我不会劝你剪掉信用卡，也不会让你把励志名言贴满冰箱。不是因为这类建议没有价值，也不是因为一表不填就能实现财富自由，而是因为已经有无数的图书、网站、优兔视频和其他短视频账号在传授这些经验，并提供合理的建议，以帮你摆脱困境，重回正轨。总之，我不想在苏茜·欧曼[①]擅长的领域与她竞争——如果要债的已经找上门了，你还是先从她学起吧。本书是为那些已经有所成就、想充分利用自己优势的人而写的。今天收入相同的两个人，如果对职业和金钱采取不同的应对方式，多年后他们就有可能过上截然不同的生活。

我们将探讨如何打基础，这不仅是财富的基础，还有技能、

---

① 苏茜·欧曼，美国著名理财专家。——译者注

人际关系、习惯和如何确定优先级这些赋予你优势的基础。本书传达的这些概念是经过科学验证的，最重要的是，它们是你可以内化于心、外化于行的原则。本书的最后一部分将对金融和市场体系的核心概念进行入门的介绍。对生活和工作在这些体系中的每个人来说，这些都是重要的话题。但它们在学校教育中鲜少被提及，在大多数个人理财的图书中也只是被一笔带过。我的职业生涯跌宕起伏，我曾经创办公司，聘用并与数百位成功人士共事。我也观察过一代又一代从我的课堂毕业的年轻人，他们走向人生的各个阶段并取得不同程度的成功。我以这些经验为基础，总结了关于实现财富自由的原则和方法。

为什么要追求财富

积累财富是一种手段，我们最终是为了获得经济保障，实现财富自由。换言之，我们获得财富就意味着摆脱了财务焦虑和赚钱的压力，可以自由选择自己想要的生活方式，避免人际关系因金钱蒙上阴影。这听起来很简单，甚至易如反掌，但事实并非如此——我们生活在一个全球竞争的市场中，这个市场擅长制造各种问题，我们似乎只能通过购买更大、更好的东西才能解决这些问题。

这是本书的第一课：财富自由不在于你赚了多少钱，而在于你留下了多少钱，在于你知道多少钱对你来说才算足够。正如充满哲思的知名歌手雪儿·克劳所唱的那样："幸福不在得所有，而在爱已拥有。"[1]并不是赚得越多就越幸福，而是你明确知道自己需要多少钱，并运用正确的策略去实现这个目标，这样你就可以专注于其他事情。

　　我的建议很简单：财富自由是获取足够的资产（注意，这里说的不是收入，而是资产），让资产的被动收入超过你的消费水平，也就是你的"烧钱水平"。被动收入是你的钱"生"出来的钱，包括你借给别人的钱所产生的利息、你的不动产增值、你持有的股票带来的股息、租户向你支付的公寓租金等。稍后我将详细讨论它们和其他被动收入来源，但简言之，被动收入就是指非工作收入。而你的"烧钱水平"就是你的日常开销。如果你的被动收入大于"烧钱水平"，你就没有工作的必要了（尽管你可能还有工作的想法），因为你不再需要薪酬来支付自己的开销。

财富自由

＝被动收入＞烧钱水平

　　这就是财富。追求财富的道路有很多，但是在大多数人的能力范围之内，可靠的道路都需要人们付出时间和努力。追求财富应该是人生的优先事项，因为实现财富自由意味着你拥有人生的掌控权，你可以规划未来，按照自己的意愿支配时间，并照顾那些依赖你的人。

财富是张许可证

　　追求财富并不总是受人待见的。在当今社会中，收入不平等的问题日益加剧，引发公众关注。财富似乎成了操纵性的作弊体制下的不义之财。"每一个亿万富翁都是政策的失败。"这句话是否正确，尚难有定论，但这与本书无关。你面临的紧迫的问题是你自己的财富自由，而不是评判他人的财富来源是否正当。

鲍勃·迪伦有首歌是这么唱的："金钱不说话，它只会咒骂。"[2] 我的经验是，金钱的"语气"会随着金钱数量的增加而改变。你缺钱时，它对你"破口大骂"；你富足时，它对你"温声细语"。但对大多数人来说，金钱的"咒骂声"越来越响了。当前，美国房价的中位数是美国人年收入中位数的六倍[3]（而 50 年前是两倍），首次购房者的比例几乎只有历史平均水平的一半[4]，这也是有记录以来的最低水平。医疗债务是美国消费者破产的主要原因，一半的美国成年人如果不借债，就无法支付 500 美元的医疗费用。[5] 自 1980 年以来，除最富有的群体外，美国所有群体的结婚率都下降了 15%[6]，因为人们负担不起结婚的费用，更不用说生孩子的了。尽管美国整体财富增长屡创新高，但在 20 世纪 80 年代出生的美国人中，只有 50% 的人比他们的父母在相同年龄时的收入要高，这是有史以来的最低比例（见图 a）。[7] Z 世代中则有高达 25% 的人对退休不抱希望[8]，他们认为自己将终身工作。在经济压力之下，离婚、抑郁、残疾等问题接踵而至。

2020 年，鲍勃·迪伦以 4 亿美元的价格卖掉了自己的歌曲版权，金钱不再对他咒骂。当他 1965 年写下那首歌时，中上阶层的生活水准可以达到富人的 90%。最富有的家庭可能只是拥有更大的房子、更讲究的衣着，在私人俱乐部而不是市政球场打高

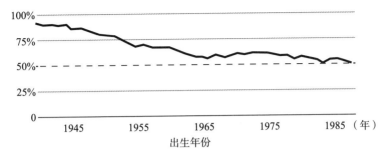

图 a　30 岁时超过父母同时期收入的人群占比

数据来源：机遇公平项目

尔夫球。然而，在近 60 年后的今天，富裕阶层的生活方式早已发生了翻天覆地的变化。如今，富人的度假不再只是住得比普通人更好，他们乘坐私人飞机（鲍勃·迪伦的飞机是湾流 IV 公务机），入住专属度假村，欣赏与众不同的风景（通常是在公众无法进入的非营业时间）。顶尖富豪拥有专属医生、专属餐厅和专属商店。拥有财富曾经只能让人坐上更好的座位，现在则能将生活水平提升到一个完全不同的境界上。

幸福的关键在于我们的期望值，不切实际的期待只会让我们无法获得幸福。然而，我们只要接触人群或者拿起手机，各种声音便会不绝于耳，或是奉承，或是诋毁。我们每天都在目睹 1% 的富人与 99% 的普通人生活之间的天壤之别。"网红"经济带来的是虚假的、被炫耀的财富，它时时提醒着我们关注自己缺少的，而不是已经拥有的。

这个体系或许有待完善，但在环境改变之前，我们只能去适应它。更积极的做法是，学会融入环境，提升自己的技能和策略，我们才能增加在这个体系中取得成功的机会。这一观点同样适用于资本主义。不平等激发了人们的野心，激励机制带来产出，社会进步的车轮滚滚向前。如果这个体系适合你，你就该全力以赴。即便不适合，你也要全力以赴。比起你个人成为百万富翁的风险，社会面临的风险更大，所以这都不是你的问题。在你获得财富自由之前，你的时间不属于自己，你所承受的大部分也是无效压力。

追求财富并不意味着你一定唯利是图、贪得无厌或者损人利己，你也不需要变成这样的人。事实上，这些特质只会让实现财富自由变得更加困难，并在你成功后削弱你的幸福感。要打破你与财富之间的壁垒，你需要盟友。正如尽早开始储蓄和投资一样，尽早培养盟友和支持者也同样重要。在生活的各个方面，你都应当尽量争取主动优势。当人们被问到"谁适合这份工作""谁适合这项投资""谁适合加入这个董事会"时，你应该（而且能够）成为他们脑海中第一个浮现的人选。人生的终极目标是拥有丰富且良好的人际关系，而非仅仅使银行存款的数额最大化。

财富自由的目标数额

传统的个人理财建议往往围绕着"退休"展开，即让工作与不工作之间存在明确界限。但"退休"是一个过时的概念，并非我们财富哲学的核心。我希望你在停止工作之前就实现财富自由，越早越好。即使实现了财富自由，你也可以选择继续专注于工作和职业发展，就像我一样。当工作从维系生存的必需品变成让你乘风破浪的工具时，你的工作压力就会大大减轻。当我们充满信心时，我们会表现得更好。在这方面，工作有点儿像约会——你越不需要工作，它就越需要你。

如果你运用本书里的原则，同时拼命努力，再加上几分运气，你就能在 40 岁之前实现财富自由，住在加勒比海的船上，再也不用为生计发愁。你也可以选择 70 多岁仍然在董事会任职，以每小时数千美元的价格为首席执行官们提供指导。财富自由为你提供了选择的权利。而财富自由的本质就是一个数字，它是足以维持你生活的资产基础。你可以选择继续工作，因为大量研究表明，工作可以延长寿命并提升幸福感。真正有害的是压力，而这种压力往往源于缺乏经济保障。在没有经济压力的情况下，工作会从谋生的手段升华为实现个人价值的途径。

你需要在你的银行账户里存多少钱？这个问题没有标准答案，但对你来说，答案是唯一的。它更像是一个目标，而非一个确切的数字，因为财富自由并不是非黑即白的。只要能非常接近这个目标，你的生活就会变得更加轻松、富足。正如托马斯·斯坦利所说："财富与智商无关，其核心是算术问题。"记住我们的公式：被动收入大于"烧钱水平"，你就能实现财富自由。

那么，你的"烧钱水平"是多少？或者更确切地说，你希望长期维持的支出水平是多少？随着年龄的增长，这个问题会变得更容易回答，因为你离退休越来越近了。但即使你处于职业生涯早期或仍在求学，你也可以从头开始规划预算，向家人了解他们的开销，并研究住房、食品和其他物品的平均成本，从而对未来的支出有一个初步的了解。你无须，也不应该精确预测未来 40

年的每一笔开销。这既不现实，又没必要。一张粗略的预算草图就是良好的开端，你可以随着目标的日益清晰不断完善这张草图。

这个练习虽然涉及财务问题，但更多的是关于你个人生活方式和价值观的思考。随着经验的积累，你会更了解自己，更清楚自己的需求。每个人的理想"烧钱水平"都不同，对我父亲来说，他的需求很简单：一些基本的生活必需品，卫斯理棕榈树养老院的单人公寓，能观看多伦多枫叶队冰球比赛的流媒体频道，还有偶尔外出就餐（7点前回家），吃点儿墨西哥菜，喝杯米开朗琪罗鸡尾酒。而我完全不同，我"烧"起钱来宛若超新星爆发。我想表达的是，无论你喜欢的是百威啤酒还是普拉达，你都可以粗略估算一下你一年的预期支出，然后加总，并在此基础上增加20%来缴纳税金，如果你打算住在加利福尼亚州、纽约州或其他收税高的州，则增加30%。这就是你的年度"烧钱水平"。

现在，将你刚刚计算出的年度"烧钱水平"乘以25。这就是你大致的财富自由目标，也是你需要积累的资产总额，以产生足以覆盖你支出的被动收入。为什么是25呢？这是假设你的资产回报率能跑赢4%的通货膨胀率。在不同的理财规划师的建议里，通货膨胀率可能略有不同，但4%是一个相对合理的数字，乘以25也方便计算。这只是一个粗略的估算，因为我们的纳税估算过于简单。此外，如果你有孩子，你的支出会在一段时间内上升，在他们独立后会下降。而且我们还没有考虑到社保的问题，30年后美国还有没有社保尚未可知（我个人认为会有，因为老年人寿命越来越长，而且他们有投票权，所以政府如果资金紧张，可能会先关闭学校、取消太空计划、裁减一半海军，最后才动社保），但是任何伟大的作品都是从草图开始的。

如果你的理想年度"烧钱水平"是 8 万美元，200 万美元就是你的财富自由目标。如果你的资产总额达到了这个数字，那么你赢了——你"打败"了资本主义。不过，资本主义还有后招儿：200 万美元只是今天的目标。如果你计划在 25 年后积累到这个数字，通货膨胀就会让你的目标变成 500 万美元左右。我们会在后文中讨论这一点。

追求财富的动力

几年前，我们全家去法国滑雪胜地高雪维尔度假。滑雪这个爱好是我把儿子们困在山上，让他们不得不和我待在一起的借口。一天下午，我借口工作躲在酒店房间里。我的大儿子当时 11 岁，他走了进来，我立刻感到不对劲。通常，两个儿子宣告他们进入房间的方式不是本能地问"我能看电视吗""妈妈在哪儿"，就是打嗝、放屁。但这次，大儿子沉默地站在我面前，泪流满面。

"怎么了？"我问。

"我把一只手套弄丢了。"他哭得更厉害了。

"没关系，不就是一只手套嘛。"

"你不懂，这是妈妈刚给我买的。花了 80 欧元呢！那可是一大笔钱。她会生气的。"

"她会理解的。我也经常丢东西。"

"可是我不想让她再给我买一副了，那可是 80 欧元啊。"

我特别理解他的心情，因为我儿子丢三落四的毛病是遗传自我的。比如，我从来不带钥匙，反正带了也会弄丢它。

所以我完全明白他的感受。我们决定沿着他走过的路回去寻找。一路上，我思绪万千：这是不是一个让他吸取教训的机会？给他买一副新的手套会不会太溺爱他了？我低头一看——他还在哭。我的心瞬间揪了起来，仿佛自己又回到了9岁。

我的父母离异后，家庭的经济压力变成了财务焦虑。焦虑"啃噬"着我和妈妈，它在我们的耳边低语，说我们一文不值，说我们一败涂地。我的妈妈是个秘书，聪明能干，可我们家的月收入只有800美元。9岁时，我告诉妈妈，我不需要保姆了，因为我知道每周省出来的8美元对我们很重要。而且，当冰激凌车经过时，保姆会给她的每个孩子30美分，而我只能得到15美分。

"冬天了，你需要一件夹克。"妈妈说。于是我们去了西尔斯百货。我们买了一件大一号的，妈妈觉得我至少可以穿两三年。这件夹克33美元。两周后，我把夹克忘在了童子军的活动上，但我向妈妈保证，下次活动时我一定能找回来，结果没有找到。

于是，我们又去杰西潘尼百货公司买了一件夹克。妈妈说，这就是我的圣诞礼物了，因为买了这件夹克后，我们就没钱再买别的礼物了。我不知道她是实话实说，还是想给我一个教训，也许两者都有。但不管怎样，我努力装出很兴奋的样子，假装很喜欢这件提前到来的圣诞礼物。巧的是，这件夹克也花了33美元。

几周后，我把这件夹克也弄丢了。放学后，我忐忑不安地坐在家里，等待着妈妈回来。想到又要给这个经济上本已捉襟见肘的家庭一记重击,我害怕极了。钥匙转动的声音响起,妈妈进门了。我紧张地脱口而出:"我把夹克弄丢了。没关系,我不需要穿夹克,真的。"

我感觉眼泪在眼眶里打转,真的想放声大哭。但接着,更糟糕的事情发生了。妈妈竟然也开始哭泣。她很快控制住情绪,走到我面前,握拳在我的大腿上连捶了几下。那动作就像她在会议室里为了强调某个要点而敲桌子一样,只不过这次我的大腿成了她的临时桌子。我不知道那一刻是更让我伤心,还是更让我难堪。之后她上楼回到了自己的房间。一个小时之后,她下了楼,我们再也没有谈论过这件事。

财务焦虑如同高血压,在体内潜伏不去,随时可能从小恙变为致命的重疾,这绝非虚言。研究表明,低收入家庭的孩子的血压要比富裕家庭的孩子高。[9]

回到阿尔卑斯山区,此时,一对父子已经在零下十几度的寒风中跋涉了半小时。儿子仅戴着一只手套。我见机唱起歌,跳起舞,试图借机向他灌输"物质诚可贵,亲情价更高"的道理。正当我尴尬地舞蹈的时候,儿子突然停下脚步,径直冲向菲利普·普兰店铺门前的一棵小圣诞树。就在这家店,他8岁的弟弟昨天还缠着我买一件背面镶嵌水钻骷髅头的帽衫,价值250欧元。此刻,圣诞树顶的星星被一只电光蓝色的男童手套取代了。显然,某位好心人捡到了它并特意放在这里,让失主一眼就能看到。儿子一把抓起手套,长舒一口气,将它紧紧抱在胸前,如释重负,喜笑颜开。

我们身处金融革新的时代，然而无论是加密货币还是支付应用，都无法满足我最深切的渴望——把钱送回过去，送给那些我深深爱着却一贫如洗的人。对我来说，童年时家中弥漫的不安全感和羞耻感将如影随形，挥之不去。但这并无大碍，因为它们成了我前进的动力。

你对财富的追求可能源自其他因素，可能是寻求认可，或是使命感；也可能是对美好生活的向往，对金钱带来的奢华体验的渴望；或是为消除世界的弊病贡献一份力量的愿望。在我看来，崇高的愿景是勤奋工作的一大动力，欲望也不容小觑，但恐惧才是最强大的驱动力。究竟是什么在驱使你，只有你自己最清楚。你必须找到动力，培养动力，并与之同行。

你需要动力，因为前方道阻且长。

财富自由之路

究竟如何才能实现财富自由呢？我们的选择不外乎两种。一条捷径是继承财富，而对大多数人来说，我们只能选择另一条更为艰难的道路。这条路说来并不复杂：努力工作赚钱，勤俭节约，并将结余进行明智的投资。只要你能做到开源节流，并将积蓄进行合理投资，我敢打包票：你就一定能实现财富自由。

然而，知易行难。这不仅关乎财务问题，也超越了电子表格所能涵盖的范畴。财富源自充实的生活，你需要勤奋工作，节俭持家，睿智决策。这并不意味着你要过苦行僧般的生活，你可以享受乐趣，可以犯错，可以尽情体验人生。但实现财富自由确实需要你辛勤付出，自律克己，而这一切都是值得的。财富公式包含四大要素：

自律：你要在工作与生活中有意识地保持节制。当然，这也包括省钱，但更重要的是你要培养自己坚韧的品格，融入社会。这些都至关重要。

专注：你需要专心赚取收入。正如我所说，收入本身不会让你富有，但它是必不可少的起点，而且你需要相当可观的收入。我会帮助你规划好职业生涯，为你指明方向，把你的收入潜力最大化。

时间：时间是你最重要的资产。复利是宇宙中最强大的力量，了解复利是开启财富之门的关键。我将分享如何让复利为你服务。时间才是真正的金钱，是我们每个人与生俱来的财富基石。

分散投资：它是我们对传统个人理财问题的看法，是指引我们做出明智投资决策的路线图，也是帮我们成为金融市场的行家里手的指南。

好的，现在就让我们开启这段财富之旅吧！

第一部分
————
自律

$$财富 = 专注 + (自律 × 时间 × 分散投资)$$

在很长一段时间里，我都坚信自己与众不同，这恰恰阻碍了我实现财富自由。市场也强化了我的这一信念。我创业，接受杂志的采访，为自己的初创公司筹集了数千万美元。"我（显然）即将拥有数千万甚至数亿美元的财富，因为我（显然）如此优秀。"几次接近成功的经历反而加深了我的这种信念。

我深信自己即将一飞冲天，于是对量入为出或储蓄投资的想法不屑一顾。我的公司随时可能上市或被收购。在我二三十岁的时候，我每年本可以轻松存下一笔钱，少则 1 万美元，多则 10 万美元，但是，当唾手可得的财富就在眼前时，我何必委屈自己呢？然而，生活给了我沉重的一击。2000 年的互联网泡沫、金融危机和婚姻破裂，一次次粉碎了我的发财梦。然后，就在我 42 岁那年，我的第一个儿子出生了。

没有天使的歌唱，没有温情脉脉，我只感受到翻江倒海的恶心，以至于直不起腰来。让我崩溃的不是产房里的流血和尖叫，而是汹涌而来的羞耻感。我搞砸了。我本来可以坐拥数百万美元的存款，但我没有。我失败了。直到几分钟前，我还能忍受这种失败，这毕竟只是辜负了自己。但现在令我无法忍受的是，我意识到自己辜负了儿子。

我的失败源于错误的选择，而我之所以犯错，并非因为我不懂钱。我拥有 MBA 学位，曾筹集数千万美元资金。我的公司每周按时给员工发放工资，每个季度都实现赢利。我对金钱并不陌生，只是不擅长理财。这并非个例。一项针对英国消费者的研究发现，虽然金融知识匮乏和缺乏自控力都会导致人们债台高筑[1]，但数据表明，"在导致过度负债的因素中，相比金融知识的匮乏，自控力的缺乏往往是罪魁祸首"。

财富自由并不来自智力的修炼，而是行为模式的结果。那么，我们该如何减少导致过度负债的行为，并培养出能创造财富的行为模式呢？换言之，我们该如何让自己的行为与意图保持一致呢？表面上看，这似乎需要自控力。然而，自控意味着凭借意志力严格执行计划。这种与自身的本能不断抗争的状态，终究会让人精疲力竭。一定有某种更深层次的力量，使人能够保持知行合一。

一言以蔽之，我们需要塑造"品格"。面对现代资本主义的种种诱惑、人性的弱点、生活的挫折与命运的捉弄，我们唯有将良好的行为习惯根植于自身的品格，才能凭借持之以恒的决心抵御外界的冲击。如果我们有意塑造自身持之以恒的品格，新年计划就不会落空，人人也都会记得写感谢信。然而现实是，我们的行为恰恰反映了我们的本性。因此，与流行的观点相反，重要的不是想法，而是行动。

　　在这一部分中，我将分3个板块深入探讨品格的养成。首先，我将剖析品格塑造的核心机制与原则。其次，我将分享这些原则在我个人生活中的实践，并为你提供塑造坚韧品格的建议。最后，我将把视野拓展至整个社会。人是社会性动物，唯有与他人合作（有时是与他人竞争），我们才能充分发挥潜能。

第一章
品格与行为

——

    自古以来，人类就一直在追求高尚的品格。好消息是，我们深谙品格的塑造之道。坏消息是，这并非易事。但品格的塑造既不神秘，又不复杂。品格与行为相互影响，互为表里。行为是品格的外在体现，品格又最终由行为塑造而成。这种循环可以是促人向上的良性循环，也可能是使人堕落的恶性循环，全凭个人选择（见图 1-1）。这不仅关乎经济上的成功，更关乎如何活出有目标、有原则的真实人生，即使结果不尽如人意，我们也要全力以赴。追求财富，就像追求幸福一样，是一个全方位的人生课题。

品格   行为

图 1-1 品格与行为的循环

人类对品格塑造的探索从未停止，其中斯多葛学派的教诲尤为深刻。斯多葛主义起源于古希腊，在罗马帝国时期兴盛，如今它焕发了新的活力。斯多葛学派认为，品格的塑造是至高无上的美德，并对此进行了深入的书面论述。这一部分的标题"自律"的英文原义便是"斯多葛主义"。我将其作为标题是因为斯多葛学派的哲学家的思想及其现代诠释者的见解让我产生了强烈共鸣，他们的教义影响着我对待工作和生活的态度。当然，这一部分内容并非完全照搬斯多葛主义哲学，也不局限于其教义。比如，马可·奥勒留没有像我一样建议大家"广交富友"。但我相信，如果他能读到这一部分，他也会对大多数内容点头赞同。

当古希腊的第一批斯多葛主义哲学家思考美德时，在遥远的东方，佛陀的弟子也在阐述他的教义，其强调"正思维、正业、正念"的重要性，这构成了佛教的核心思想。数个世纪后，耶稣也宣扬了正直和抵御诱惑的重要性，他告诫世人："你们的肉体固然愿意，精神却软弱了。"到了 19 世纪的美国，梭罗指出，哲学的目的不仅仅是"进行精妙的思考"，更重要的是"既要从理论上，也要从实践上解决生活中的实际问题"。我相信，在不同的文化和哲学体系中，都有与我这里探讨的内容相似的理念，我们可以从这些古老的智慧中汲取养分，完善自己。

消费的幻觉

从加州大学洛杉矶分校毕业后，我踏上了环游欧洲的旅程。在奥地利维也纳的机场，我用 300 美元的美国运通旅行支票兑换了匈牙利的货币福林，还付了 4% 的手续费（尽管现在看来，这笔交易似乎并不明智）。就这样，在美国运通旅行社，我拿着厚厚一沓钞票，摇身一变，成了梦想中的大款。我只要坐一小段火车，就能到达布达佩斯，开始我的"买买买"之旅。

我在一家商店的橱窗里看见了一个漂亮的皮质旅行包，于是立刻走了进去。然而，里面的人都在买……线轴和针。我还没来得及问那个包的事，柜台后面的女人就指着包说："不卖。"很快，我回到了美国运通旅行社，手里拿着那沓没怎么变薄的福林。这算是花钱买了个教训，我搞懂了货币兑换和买卖差价里的门道。

35 年后的今天，资本主义世界早已改天换地。无论是在匈牙利的布达佩斯，还是在美国佐治亚州的布达佩斯（是的，的确有这个地方），不论你想要含橄榄油的抗敏感牙膏，还是法式吐司口味的麦片，统统没问题。这些商品不仅应有尽有，而且当天下午就能送到你家门口。

"最简单的赚钱方法就是省钱"，这句话一点儿没错。然而，我们每天都会收到各种信息、广告和促销的轮番轰炸，它们鼓励我们消费。资本主义调动了整个社会的才智和精力，只为了一个目的——让你心甘情愿地掏腰包。这是资本系统得以运转的秘诀。诱惑无处不在，从收银台前随手抓起的口香糖，到亚马逊网站购物车里琳琅满目的"凑单"商品，再到航空公司推销的"豪华经济舱＋优先登机＋免费饮料"套餐。对了，你还想不想为旅行"买个安心"呢（也就是买保险）？或者，你也可以勾选"我不想保护我的旅行"的选项，然后默默忍受内心的不安和自责。别担心，只需 39.95 美元，美国航空公司（或其保险合作伙伴）就能帮你消除这种负罪感。

深植于基因的渴望

资本主义深谙人性弱点。在人类历史 99% 的时间里，大多数人的寿命都不到 35 岁。饥饿和物资匮乏是生命的头号杀手。因此，在你耳边回响的并非"你只活一次"，而是更具煽动性的呐喊："买它！买它！"仿佛你不买，人生就没有意义。

人类天生就对糖、脂肪和盐有着强烈的渴望，因为在人类存在的大部分时间里，这些都是稀缺资源。一旦我们的味蕾接触了这些物质，这就会引发一系列化学反应，让我们感觉愉悦。我们的大脑会将这种愉悦感与各种事物联系起来，比如巧克力的包装颜色，甚至心仪的汉堡店所在的街角。大脑这样做是在为我们指路，引导我们重温"生存"这种生命的终极奖励和最佳感受。

更可怕的是，一旦"生存"的需求得到满足，另一个本能的呼声就会在你耳边尖叫：繁衍。我当然可以轻松地告诉年轻人要储蓄、投资，但 20 多岁的年轻人肩负着寻找伴侣的任务，而且吸引异性往往需要炫耀和消费。戴着贵重的手表，身着考究的衣衫，这些都是在忠诚地执行进化交给我们的任务，为的是找到更强壮、更敏捷、更聪明的另一半，让自己的基因与对方的基因融合，从而获得永生。

23 岁那年，我在摩根士丹利工作的第一年就拿到了 3 万美元奖金。要知道，在此之前，我的账户余额从没超过 1 000 美元。

这下终于有了一笔巨款，我可以开始好好规划人生了吧？结果我转头就买了一辆宝蓝色的宝马320i汽车。为了显得自己热爱运动，我还在后视镜上挂了副泳镜，尽管我每周只游一次泳。说实话，这些行为既不是为了出行方便，也不是为了锻炼身体，就是为了向异性发出信号：我很强，我很有钱，和我交往绝对不吃亏。然而，事实证明，吸引异性这件事，说起来简单，做起来难。当然，一定程度的自我包装还是有必要的，比如注重外表，多参加社交活动，例如去音乐节、酒吧和度假胜地等。

现代人类陷入了双重困境。我们身处物质过剩的时代，但我们的身体和心理仍停留在资源匮乏的远古环境中。而我们的经济体系正是建立在这种脱节之上的。想通过思考来解决这个问题恐怕是行不通的。

行动塑造品格

关于职业规划、预算技巧和投资策略的建议可谓俯拾皆是。书籍、网络、亲朋好友的聚会中都充斥着这样的信息。然而，如果这些建议不能转化为实际行动，一切就是空谈。你的意图与行动之间的差距，往往预示着你未来的成败，无论是在情感上还是财务上。当我们描述自己钦佩的人时，我们常常会用到"勇敢""有创业精神""敢于创新"等词语。这些品质都体现在他们的行动上，特别是那些言行一致、说到做到的人。正如卡尔·荣格所说："你是由你的行为而非言辞塑造的。"

不幸的是，我们被铺天盖地的信息误导着，以为有捷径可以缩短意图与行动之间的距离。为了写出经典的自我提升指南《高效能人士的七个习惯》，史蒂芬·柯维不仅深入研究了成功人士，还查阅了大量关于成功的书。[2]他发现，第二次世界大战之后开始，人们的关注点从"品格塑造"转向了"个性塑造"。早期的书鼓励读者修炼内在品格，培养良好的原则和价值观，通过节制、勤奋、耐心等美德获得成功。近期的建议则更多地关注如何改变你的个性，即如何更好地展示自己。正如自我提升类图书的鼻祖《人性的弱点》所昭示的那样：人们更关心如何赢得朋友、影响他人。

虽然柯维是在 20 世纪 80 年代提出他的观点的，但只要花点儿时间上网，你就会发现他所说的这种趋势愈演愈烈。社交媒体上充斥着各种"生活小窍门"（比如做所谓的蘑菇咖啡）、约会中使用的"最佳开场白"，还有层出不穷的"奇葩妙招儿"。在我们生活的方方面面，都有各种"速成方案"。塑造个性的建议之所以大行其道，是因为它可能带来短暂的提升，但无法长期奏效，也无法帮我们应对重大挑战。一项涵盖 121 项研究的调查发现，各种流行的减肥方法，无论它们宣传什么理论或由哪位名人代言，一年后其对体重的影响都微乎其微。[3]

正如盲目追随潮流减肥食谱的减重者最终会回到原来的体重，这些关于成功的技巧也无法长期有效，它们完全依赖于特定的行为，无法持久。如果我告诉你成功的秘诀是早上 5 点 30

分起床，洗个冷水澡，再跑步 5 英里[①]，这样的建议似乎没毛病。在遵循这些习惯的日子里，你或许会更加专注、高效。你如果足够自律，甚至可以坚持好几周。但新鲜感终会消退，清晨的黑暗与寒冷依旧。在我的职业生涯中，我接触过很多有钱人，其中一些人确实会早起、洗冷水澡等，但这并非他们成功的秘诀。这些习惯源于他们勤奋自律的生活方式。由此可见，品格与行为是不可分割的。

勇气、智慧、正义和节制

斯多葛学派提出了四大美德：勇气、智慧、正义和节制。在我看来，这些不仅是抵御诱惑的法宝，更是实现目标的关键。

勇气是坚持不懈的动力，也就是现代人所说的"毅力"。当我们不为恐惧所左右时，勇气便油然而生：不畏贫苦，不畏尴尬，不畏失败。相反，我们变得勤奋、乐观、自信。营销专家就深谙此道，他们总能抓住我们的恐惧和不安全感大做文章。然而，与香奈儿的奢侈品相比，勇气显然更加实惠，效果也更胜一筹。

智慧意味着洞察力和分辨力。正如古希腊哲学家爱比克泰德所说，拥有智慧，我们才能看清哪些是外在的、无法掌控的因素，哪些是我们自己可以选择和控制的。就像电影《断背山》中说的那样："改变不了的，就学着接受。"

正义意味着心系共同利益，认识到人与人是相互依存的。古

---

① 1 英里 ≈ 1.609 千米。——编者注

罗马皇帝、斯多葛派哲学家马可·奥勒留认为，正义是"所有美德之源"。秉持正义，意味着一个人诚实正直，勇于承担自己行为的后果。良好的习惯并非仅凭一己之力就能养成，它需要群体的支持和滋养。在自律这一部分的后半段，我们将深入探讨品格是如何受到群体的影响的。

节制在我看来是所有美德中最重要的一项。我之所以这么认为，是因为在现代社会，这个品德面临的考验最为严峻。资本主义正是利用了我们缺乏自控、痴迷身份地位和消费的弱点。这不仅仅体现在我们对超大份薯条和奢侈品包的追求上——整个西方社会都在鼓励我们纵容自己，不只在物质消费方面，还在情绪宣泄、扮演受害者和沉溺于受害者心态方面。而节制，就是对所有这些过度行为的抵制，或者至少是合理的管控。

放慢步伐

如何将这些美德付诸实践？如何养成自律的好习惯，让它自然而然地成为生活的一部分，而不是与冲动进行无休止的斗争？我们可以先从放慢生活节奏开始。

也许你每天都要做上百个不大不小的决定：早餐吃什么，要不要去健身房，如何回复同事言辞尖锐的工作消息，忙了一整天后终于有了自己的时间该做什么，等等。人的本能反应往往是凭直觉或情绪做决定，因为这是最省事的办法。事后我们会将自己的反应归咎于外部环境——没吃早饭是因为要迟到了，回复同事信息时语气生硬是因为对方无理取闹。

还记得斯多葛学派提倡的智慧吗——认清自己能掌控什么。正如马可·奥勒留所言："你可以掌控自己的心智，但无法掌控外在事件。"心理学家维克多·弗兰克尔也曾说过："刺激和反应之间存在一个空间，在这个空间里，我们可以主动选择如何反应。而我们的反应，决定了我们的成长和自由。"我们无法掌控外部环境，但可以选择如何应对。

如果你每天能从上百个决定中抽出几个，留给自己一点儿思考的空间，找到弗兰克尔所说的那个介于刺激和反应之间的空间，并审视自己的价值观和既定计划，你就会为下一次的抉择积蓄力量。哪怕每天只有一次，你可以告诉自己"我能掌控这件事，我的反应由我决定"，然后选择正确的行为，而不是屈服于一时的冲动，你就已经在践行斯多葛主义的道路上迈出了一步。

这并不意味着你要压抑情绪、永不生气。我自己也经常生气，甚至过于频繁。你也并不需要杜绝沮丧、挫败或羞愧，这些都是人之常情，是我们面对挫折和错误时正常的反应。关键在于我们要学会觉察并接纳愤怒、恐惧或贪婪的存在，但不要任由这些情绪支配我们的行为。

品格和行为能够形成一个相互促进的循环。只要开始有意识地改变一些行为，你就能逐渐塑造出更强大的品格。

习惯的力量

我们可以通过养成良好的习惯，进一步强化品格与行为之间的良性循环。健康的习惯能利用大脑的本能反应机制，引导我们做出积极主动的回应。近年来，习惯的力量在社会和科学领域中都是热门议题，其中最畅销的图书之一就叫作《习惯的力量》。研究表明，我们的很多行为都出于习惯，这其实是一件好事。试想一下，如果每个决定都要深思熟虑，我们可能连早餐都吃不上。

培养好习惯的关键在于我们要主动，这让我们对刺激的本能反应符合我们深思熟虑后的选择。当我们在越多情况下能做出理想的习惯性反应时，我们就越能节省认知和情感能量，将其用于处理更重要、更棘手的问题。

刻意培养习惯的方法有很多。例如，《习惯的力量》一书中提到的"暗示—惯常行为—奖励"循环，还有《掌控习惯》作者詹姆斯·克利尔喜欢的"提示—渴求—反应—奖励"循环。当然，一定还有其他方法，但万变不离其宗，就像斯多葛学派和佛教一样，其哲理都是殊途同归。

放手去做

2016 年底的一个周四晚上，我写下了我的第一篇博客文章。当时，我刚成立的创业公司"L2"的团队正在讨论如何推广业务，于是我们有了写博客这个石破天惊的想法，虽然博客已经流行了 20 年。我在平时的工作中写过不少东西，比如给投资者的信、客户方案等，而且我追求的是观点犀利、文笔生动。但我从来没觉得自己是个作家，也没想过自己能坚持每周写点儿什么，因为我一向是"心血来潮"型选手。不过，写第一篇博客倒是不难：我批评了扎克伯格，吐槽了硅谷首席执行官们的约会习惯，我的团队还在文章里加了一些不错的图表。我们将博客命名为"毒舌不毒心"（No Mercy/No Malice），然后发给了几千名客户。没想到，我们还真收到了一些好评。

时间如白驹过隙，转眼就到了第二周的周四，这意味着我又得写一篇新的博客文章。写作的新鲜感逐渐褪去，工作量却不断增加，我还是硬着头皮写完了，然后把文章发了出去。就这样，一周又一周，我坚持了下来。从第三篇博客的标题《我一天比一天更不讨厌自己》中，你大概能感受到我的心情。写作不再是一件轻松愉快的事，但随着博客影响力的扩大，我们每周都能拿出像样的作品，这也让我越来越有成就感。我的大脑将写作与读者反馈带来的满足感联系在了一起。每周四晚上，写作成了我的"固定节目"，虽然写作本身并没有变得更容易，但坐到电脑前，在键盘上敲下第一个字，已经渐渐变成了我的一个习惯。几年过去了，我成了一个能按时交稿、稳定产出高质量作品的人。写作的习惯塑造了我的身份，我终于可以说自己是一位作家了。

如今，"毒舌不毒心"博客的文章篇幅更长，分析更深入，内容也更优质了。2022年，这个博客还获得了威比奖，博客每周的浏览人数也超过50万人。这正是我所坚信的：伟大的成就需要借助他人之力。加教授传媒①有一支团队负责我们所有媒体渠道的内容，其中就包括"毒舌不毒心"博客。尽管如此，每个

---

① 加教授传媒，Prof G Media，是作者加洛韦运营的传媒公司。——译者注

周四的晚上，我依然会和狗狗们依偎在沙发上，小酌一杯萨卡帕朗姆酒，然后开始写作。因为，我是一名作家。

你手中的这本书是我的第五本书，它对我来说曾是那么遥不可及。我不敢相信自己竟然从构思、写作、编辑，到最终成功出版了一本书。我本可以轻易放弃：不写提纲也不联系经纪人，更不用说牺牲周末和夜晚的时间了。是的，写书是个好主意，但这最多只占成功的 10%。另外 90% 则是我每个周四夜晚的努力。每个人都应该问问自己：你有什么事情是一定要去做的？你今天应该开始做什么？超级畅销书《掌控习惯》的作者詹姆斯·克利尔说得很好："你的习惯塑造了你的身份。"[4]

第二章

修炼强大的品格

———

以上介绍的是品格塑造的基本原理，但如何将这些原理付诸实践，其方法是因人而异的。但这也无须藏着掖着。我虽然暂时不敢自称是品德高尚、习惯良好的楷模，但在过去十几年间，我也找到了一些对我来说行之有效的方法。这些年，我不仅在经济上取得了巨大成功，而且人际关系也变得丰富多彩，这并非偶然。

当然，我也不是一直如此。在人生的前 40 年里，我都在追求世俗意义上的成功，追求更多的多巴胺刺激，以此获得满足感。正如上文所说，我自认为与众不同，渴望拥有更多，但总是感觉有所缺失。我的第一次婚姻和两家初创公司的成功，曾让我在一段时间内找到了平衡。但在我 33 岁那年，我离婚了，也退出了这两家公司的日常管理。不仅如此，我还刻意选择了远离一切：我结束了婚姻，脱离了社区，远离了朋友。我从内心深处明白当时的生活方式并不适合我，但这个想法已被深深地埋藏在自私的泥沼之下了。

我搬到了纽约，决心为自己而活：工作得过且过，结交酒肉朋友，不依赖任何人，也不被任何人依赖。我就是一座孤岛，生活在另一座孤岛上。正如作家汤姆·沃尔夫所说："一个人可以瞬间融入纽约。"我发现，自己也瞬间适应了独处。也许因为我是独生子，或者因为我逐渐接受了自己内向的性格，我可以连续几天不与任何人交流，也丝毫不觉得孤单。

我一边在纽约大学教书，一边出入夜店狂欢，去圣巴泰勒米岛度假，偶尔还给对冲基金做咨询——我沉迷于这种纸醉金迷、自私自利的生活。我就像个穴居人，只有在觅食、寻欢或"狩猎"（赚钱）时才会离开自己的公寓。这样的生活虽然空虚，但也带来了足够多的刺激和快感，让我欲罢不能。

现在回想起来，我对自己当时的缺点看得更清楚了。当时的我没有遵循内心的指引，而是任由外界的刺激牵着我的鼻子走。其中，最能吸引我注意力的就是金钱，这不是为了获得经济上的安全感，而是为了满足我那颗渴望被认可的心。虽然我也想买好东西，照顾我的母亲，但我的自我价值完全建立在他人的评价之上，我盲目地追求着他们眼中的经济上的成功。我确实得到了想要的东西，也获得了社会地位和短暂的快乐，但真正的财富自由和持久的幸福与我渐行渐远。当时的我，根本不知道还有别的活法。

是什么改变了我？直到我的第一个孩子出生，我才开始反思自己的人生。当然，外界的变化只是提供了改变的契机，我仍需要自己主动踏出那一步。孩子出生那一刻，我对过往的羞愧和悔恨促使我重新审视自己，并下定决心做出改变。我的蜕变之旅也就此真正开始了。接下来，我将分享自己一路走来的一些感悟。首先，我会谈谈哪些方法是行不通的，然后再介绍一些行之有效的方法。

工作努力不等于品格优秀

从华尔街到硅谷，无论是金融巨头还是科技新贵，职场上都有一个巨大的谎言：长时间工作等同于自律、美德和坚韧。多年前我也曾深陷这种误区，即使没有创造财富，我也对工作极度自律，全身心投入。我自欺欺人地认为，只要努力工作，就等于具备了优秀的品格。

我 20 多岁在摩根士丹利工作时，通宵达旦地加班被视为一种"美德"。"你昨晚几点下班？"成为我们这些穿着昂贵西装的"精英"互相攀比的谈资。如今，这种"美德"演变成了疯狂的"内卷"，职场人甚至用代餐奶昔代替三明治，只为节约几分钟的用餐时间。

在本书的下一部分中，我会告诉你一定要努力工作。在我看来，努力工作不仅是财富自由的基础，更是实现个人价值的关键。"迎难而上"是你能得到的最好的建议之一。然而，努力工作虽然是取得个人和职业成功的必要条件，但它并不是成功的全部，更重要的是，它并不是最终目标。为了工作而工作，只是将你的精力白白投入资本主义的无底洞。我们努力变得强大，是为了更好地照顾他人；我们努力获取权力，是为了伸张正义。为了工作而工作，只能带来短暂的满足感，这是毫无意义的。

太多人以努力工作为借口，忽视伴侣、忽略健康，甚至变得粗鲁残忍，开始剥削他人。我之前提到，追求财富往往是一个幌子。将努力工作与优秀品格画等号，就像掩耳盗铃一样，是试图逃避真正的问题，逃避真正需要努力的方向。

努力工作是必要的，但它也是有代价的。你在努力降低这种代价，还是选择视而不见？一个明显的判断标准就是消费习惯。回顾我二三十岁的时光，我意识到自己在消费方面缺乏自律。我告诉自己，因为我工作如此努力，我理应享受美好的事物。我不需要储蓄，因为我工作如此努力，总能赚到更多。所以我必须提醒你，第二部分"专注"中我所提供的所有建议，都无法让你达到理想的境地，除非你能同时遵循第三部分"时间"中关于消费和储蓄的建议。

将努力工作与优秀品格画等号，掩盖了比不良的消费习惯更深层次的问题。在职业生涯最初的 20 年，我最大的错误是没有用心对待别人，没有经营人际关系。努力工作成了我逃避这个问题的绝佳借口。然而，这一切形成了恶性循环——建立在利益交换基础上的酒肉朋友和派对伙伴永远不会对我负责，更不会提醒我停止无节制地消费。对财富的追求，是一场关乎个人全面成长的修行。

金钱并非幸福的唯一标准

20 世纪 70 年代，心理学家唐纳德·坎贝尔和菲利普·布里克曼在研究幸福感时，发现了一个令人惊讶的现象：生活境遇的改变对幸福感的影响微乎其微，因为人们会适应新的现实。他们的一项研究比较了中巨额彩票的幸运儿与因故截瘫的患者。出人意料的是，彩票得主的幸福感并不比普通人群高[5]，而截瘫患者虽然幸福感有所下降，但他们对未来的乐观程度是最高的。后续对不同彩票得主群体和不同奖金额度的研究虽然偶尔发现研究对象的幸福感有所提升，但这远没有人们因意外之财而产生的幸福感那么巨大。[6]

坎贝尔与布里克曼创造了"享乐跑步机"这一术语，以形象地描述他们在研究数据中发现的现象：人们在追求幸福的过程中，往往发现自己总是在原地踏步，即使表面上看似有所进展，实际上幸福感并没有实质性的提升。这就像在跑步机上奔跑一样，我们的速度加快了，但位置没有改变（见图 2-1）。

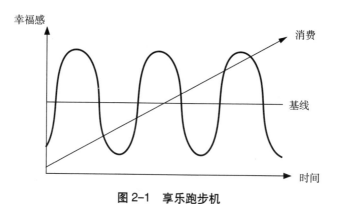

图 2-1　享乐跑步机

图片来源：博客 TicTocLife.com

历史学家、《人类简史》的作者尤瓦尔·诺亚·赫拉利曾写道："历史上为数不多的几条铁律之一，就是奢侈品往往最后会成为必需品，而且带来新的义务。"生活方式的悄然升级是不可避免的，这是一场永无止境的攀比。从让你在同事的名牌服装前自惭形秽的旧衣服（或许在家办公能让我们省下这笔开销），到为你的孩子请家教，因为他们要和有两个家教的孩子竞争（不管你收入多高，你的孩子都会把它花完）。你每"升级"一次你的生活，下一次"升级"就已经在等着你了，而它看起来也并非那么遥不可及，甚至还有些合理。这也并不是一些无意义的"升级"。你可能会结婚，可能会有孩子，这自然会让你更关心如何获得最好的医疗保健，吃什么食物最健康，开什么汽车更安全。你还会想要保障你的收入，留住你购买的精美物品。然而，让你的收入增长速度超过你对生活水平提升的渴望，这是很难实现的。

我是"碧波悠艇会"①的会员，这是一个提供游艇分时共享的俱乐部。我从没想过要拥有一艘游艇，因为我不喜欢航海，而且我认识的每个有游艇的人都在抱怨游艇成本有多高，维护工序有多烦琐。而"碧波悠艇会"提供的解决方案非常聪明：你只需要预约，就会有一位情商很高的船长驾着一艘备有高档朗姆酒、冰块和腰果的游艇，为你和家人带来一个下午的海上畅游。最妙不可言的是，游玩结束后，他会将你们送回码头，然后悄然离去，让你无须为游艇的后续事宜操心。

有一天，我乘坐"碧波悠艇会"的游艇从澳大利亚的棕榈滩港口出发，看到了一艘令人叹为观止的游艇。尽管我通常对海上船只不感兴趣，但那一刻，我突然萌生了拥有它的念头。我们

---

① 碧波悠艇会（Barton & Gray）是一家美国的共享游艇俱乐部。——编者注

船上的一个朋友告诉我，那是谷歌前首席执行官埃里克·施密特的游艇。真是不错，我想。但当我们的游艇驶过施密特的游艇时，我们看到了更远处那艘由史蒂夫·乔布斯委托建造的游艇，他在游艇完工前就去世了。虽然施密特的游艇更大，但乔布斯的游艇更有设计感。我当时的第一个念头就是，施密特此刻很可能正站在他游艇的另一边，望着那艘乔布斯设计的游艇，心里想着："我真想拥有那艘船。"

总有更豪华的游艇、更迅猛的跑车、更气派的住宅。但至少这些物质追求有被满足的可能，或者至少它们存在实际的边界。你最终会在追求它们的道路上达到极限。真正有害的是那些抽象的奖赏。在我看来简直是天才之作的情景喜剧《欢乐一家亲》中有一段情节，费雷泽和他的兄弟奈尔斯好不容易进入一家顶级水疗会所，却发现会所的 VIP 级别似乎没有上限。当他们以为自己终于达到了最高层级时，他们却意外发现一扇通往更高等级的"白金门"，这使他们原本的满足感瞬间化为乌有。"这只是进不了真正天堂的人的天堂。"奈尔斯不禁感叹道。

什么是顶级的抽象奖赏？非金钱莫属。因为金钱不过是一串数字，而数字本身是无穷无尽的。因此，我们永远觉得钱不够。在电影《星球大战》中，卢克·天行者向汉·索洛承诺，救出莱娅公主的报酬将是"你难以想象的巨额财富"。汉·索洛回答道："我不知道，我的想象力可是很丰富的。"这恰恰揭示了我们这个由金钱驱动的社会的核心问题——我们都渴望拥有更多。

金钱不仅总是有增长的空间，它还有一个令人遗憾的特性：

你拥有得越多，它的价值就越低。经济学家称之为"边际效用递减法则"。假设你的银行账户里有 100 美元，那么账户中每增加 1 美元都显得弥足珍贵，而增加 1 000 美元甚至足以改变你的人生。然而，如果你的账户里已经有了 1 000 万美元，再多 1 000 美元就显得无足轻重了。

对幸福感和收入水平的研究证实了这一点。与早期研究的发现相反，截至 2023 年的最新研究表明，较高的收入确实与更高的幸福感相关，但幸福感的增长滞后于收入的增长，甚至在某些高收入群体中，两者之间并无直接联系。[7]收入从 6 万美元增加到 12 万美元所增加的幸福感，与从 12 万美元增加到 24 万美元增加的幸福感相同，而要再次感受到同等的幸福感提升，收入可能需要增至 48 万美元。这一现象与公认的边际效用递减法则相吻合：你拥有的越多，每增加一点儿所带来的额外满足感就越少。赚的越多，多赚钱带来的满足感就越少。

金钱是你笔中的墨水，但它不是你的故事。它可以用来书写新的篇章，让一些篇章变得更精彩，但人生的故事如何书写，掌握在你自己手中。

知足常乐

"享乐跑步机"并不一定是陷阱。虽然我们无法完全摆脱它，但当我们理解了它的机制时，我们就能不再受其奴役。研究指出，幸福感有高达 50% 的概率是由遗传因素决定的。[8]这与我们的生活经验相符——我们身边总有那些似乎总是满面春风、乐观向上的人，也有那些似乎总是情绪低沉、悲观失望的人。然而，即使幸福感有 50% 的概率由基因决定，也还有 50% 是完全由你主宰的，它不是环境的产物，也不是运气或其他外在因素所能左右的。

那种让人在"享乐跑步机"上不断向前的内在动力是天生的，而且确实有其价值。关键在于你要设定好外部奖励的目标，才有余力专注于内在的满足。年轻人应该被金钱激励，但要只把它作为达到目的的手段，并且通过它获得一定程度的经济保障。一旦超越了这个水平，金钱就变成了个人化的追求。更多的金钱或许能提升你的幸福感并带来新的机遇，但在某个临界点，它带来的效益可能会转向负面。对超出你实际消费能力的事业和财富的过度迷恋会逐渐侵蚀真正的满足之源：人际关系。伟大的罗马斯多葛学派哲学家塞涅卡曾指出："若无人共享，拥有任何珍贵之物都无法真正享受。"许多成功人士都是等到踏上了财富的"孤岛"，才真正领悟到这一点。

别轻视运气成分

审视自己的成功，我发现其主要归于两个因素。首先是我出生在 20 世纪 60 年代的美国，其次是我生命中有一位对我的成功充满非理性热情的人——我的妈妈。尽管妈妈在一个缺爱的家庭长大，但她对我的爱总是情不自禁地流露出来。这份情感的滋养让我不再渴望他人的认可和赞赏，而是确信自己是优秀且有价值的。

关于你能否取得成功，其实你出生的地点和时间早就已经预示了。然而，西方文化一直宣扬独立自主和自力更生，其隐含的信息是，无论结果是好是坏，都是我们自己努力的结果。如果我们没有意识到运气，更广泛地说，那些超出我们控制范围的力量在塑造结果的过程中的重要性，我们就会从中得出错误的结论。这不仅会误导我们，还有可能削弱我们未来取得成功的可能性。

成功人士常常低估运气对他们成功的贡献，这种认知偏差有时会导致问题。他们可能会对自己的能力过分自信，将财富投入他们本不该涉足的领域。这样的错误可能发生在任何级别的成功人士身上：年收入 10 万美元的初级销售经理可能因沉迷日内交易而一无所有，亿万富翁可能会冲动购买足球队。在取得重大胜利后，人们特别容易陷入一种错觉，认为个人的成功完全是由自己一手打造的。是的，你才华横溢、工作勤奋，但要成就真正的伟业，天时、地利、人和均不可缺。

每个人在这方面都有差异，但大多数人都更倾向于把积极的结果归于自己，将消极的结果归于外部因素，这种现象有时被称为归因偏差。回想你最近几次重要的经历，无论是在工作还是在个人生活中。你在哪些方面取得了成功，成功的关键是什么？你在哪些方面未能如愿，失败的原因又是什么？真正由单一因素导致的结果很少见，如果你把所有原因都简单归结为一点，或者你发现自己在解释成败时有明显的偏见……好吧，这反而说明你是一个正常人。

除了归因偏差之外，忽略运气因素对那些未能成功的人而言，同样潜藏着风险。这正是我们深信"有志者事竟成"这一理念的负面影响。因为其隐含的意思是，如果你没有成功，那一定是你的错。事实上，我们每个人都会犯错，而且大多数失败的原因中确实有一部分是错误。但更多的失败，其实是由运气，也就是那些超出我们控制范围的事件决定的。创业者初次创业失败，并不意味着他这个人就很失败。乐观来看，这次经历可能使其变得更加明智，更有斗志。

我一生中经历了很多次失败。然而，正是我一次次穿越逆境的能力，为我铺就了通往成功的道路。我们往往更关注成功的传统要素——接受教育、勇于冒险、拓展人脉等。而我的感悟是，正如丘吉尔所言，成功者最重要的品质是"经历失败，仍能保持热情不失"。

客观看待成败

如果我们能够客观地看待自己的失败与成功，那么遵循上面丘吉尔的忠告将变得简单许多。我们往往会低估运气的作用，同时高估当下的重要性。这种情况在人们年轻时更为常见。我们常常基于当前的情绪状态来推断未来，却没有意识到，我们的情绪终将回归到基线水平。我们要培养坚韧的性格，去真切地感受痛苦、享受快乐，但也要铭记这一永恒的真理："一切都会过去。"

一项针对老年人的调查发现，他们最大的遗憾是过度担忧。[9]当你回望往事，你会意识到那些曾让你深感自责的事情其实并没有那么严重。同样，关于那些你觉得自己做得极为出色的瞬间，随着时间的流逝，你会逐渐明白，它们很多其实归功于运气。

要客观看待个人成败，关键在于区分事件本身与你对事件的感受和反应。瑞安·霍利迪在《反障碍》一书中表示："没有我们的主观参与，就不存在所谓的好与坏，存在的只有感知。事件是一回事，而我们对其意义的自我解释则是另一回事。"[10] 请不要误解，事件本身确实至关重要，但我们对事件的直接感知常常过于夸张，是条件反射的、情绪化的。现代媒体在这方面起了推波助澜的作用，倾向于将每一件小事都渲染成灾难。不要让这种倾向模糊了你的判断。

别让愤怒控制了你

我一直在与愤怒做斗争。愤怒削弱了我，成为我取得成功和实现自我价值的路上的绊脚石。我易怒是因为遗传。我的爸爸不怎么说话，至少不怎么和我说话。他为人严肃，很有魅力，但容易毫无预兆地发脾气。和许多小男孩一样，我对爸爸充满了崇拜之情。当他在周末接我出去时，我会坐在副驾驶座上盯着他看。他会开始说话，但并不是自言自语，而是跟想象中的某个人说话。也许是同事？不管是谁，对话很快就会升级，他会开始低声咒骂对方。他总是如此愤怒。

如果某件事或某个人激怒了我，我总是很难释怀。在 40 岁之前，我的脑海里都有一张虚拟的积分卡，走到哪里带到哪里。一旦别人对我有任何轻蔑、粗鲁或不尊重，我都必须以牙还牙，这样才算公平。天哪，我曾经白白浪费了多少精力！不要重蹈我的覆辙。你不知道让你感到不爽的那个人在经历什么。也许他刚被解雇，正在办理离婚，或者发现自己孩子有糖尿病，又或者他本性就冷漠残忍。谁在乎呢？你不应该在乎。你不需要对每一次轻微的冒犯、每一次小小的不公正都做出回应。

　　当然，这说起来容易做起来难。表达愤怒可以释放压力，短期内看是有好处的。积压的不满和委屈如果未得到妥善处理，其负担之重不亚于愤怒本身。任何占据你头脑的人或事物，如果不能给你带来正面的影响，就都在非法侵占你的精神空间。你的这些能量和心力完全可以用在更有益的地方。

　　斯多葛哲学教导我们以超然的态度面对愤怒。我们无法左右他人的行为，但我们能够主宰自己的回应。有人通过冥想来清空思绪，我却觉得这难以做到。我的做法是学会将他人打入我的"精神冷宫"。首先，我遵循金融分析师林恩·奥尔登的建议："不要把你的敌人当作敌人，而是把他们当作普通人。让他们相信你是他们的敌人，但你要从中吸取教训并继续前行。"我会思考事件的经过，努力从中总结经验教训，比如，我是如何激发对方这种行为的，我能否修补这段关系或当下的局面，等等。思考过后，我就会把相关的人和事"打入冷宫"，不再去想。

　　但我必须承认，这个方法并不是万能的。有些人就是不能安安静静地待在"冷宫"里，而是三番五次地惹我。但这没关系，因为我懂得了更深层次的复仇之道。25年前，普洛斯集团的首席执行官哈米德·穆加达姆赠予我一句箴言，切实地帮助我解决了愤怒问题，这句话至今伴随着我的每一天。当时我正与红杉资本进行一场长达数年的较量。我跟其中一位合伙人的矛盾尤其严重，我觉得他心胸极其狭窄。在我不断抱怨之际，穆加达姆打断了我，他说："斯科特，最好的复仇，就是让你自己过上更好的生活。"这真是至理名言。

强身健体

我还要分享一条非常重要的财务建议，虽然这条建议本身跟钱的直接关系并不大：锻炼身体。无论是从短期还是从长期来看，锻炼都是全面提升生活品质的最有效的做法。在我所合作或了解的众多高效能人士中，有喜欢早起的人，有夜猫子，有超级注重整理和秩序的人，也有思维发散的天才，有内向的人，也有外向的人。但他们最普遍的共同点，就是都热衷于运动。科学研究也为我的观点提供了支持。一项涵盖了60多项不同环境、文化和职业的综合研究报告指出："在工作场所进行体育锻炼可有效提升效率，其科学依据是确凿无疑的。"[11] 找到一种你喜欢的锻炼方式并坚持下去。这本身就是对时间的有效投资，它将在健康和效率上为你带来长远的益处。

根据我的经验，运动实际上能让你赢得时间——如果你每周拿出4~6个小时来锻炼身体，你会因为精力充沛、心理状态更佳、工作能力更强而把这些时间赚回来。就像其他许多事物一样，运动与性格的塑造之间形成了一个良性的循环：我们锻炼得越多，目标感就越坚定；而目标感越坚定，我们就越愿意去锻炼。[12] 努力工作带来的压力对我们的神经系统造成了严重的破坏，运动则有助于缓解这种压力。运动能够让我们的体内产生改善情绪的神经化学物质，并让我们的睡眠更好。一项涵盖了97项独立研究的综合报告表明，在治疗抑郁症方面，运动的效果比心理治疗或药物治疗高出 50%。[13] 专注于研究顶尖表现者的记者史蒂芬·科特勒，对此有着简洁的总结："运动是达到巅峰表现不可或缺的因素。"[14]

无论是在小区里快走，还是外出爬山，任何形式的锻炼都有作用。但如果你已经很久没有运动了，那就从简单的快步走开始吧。快步走，让你的心跳加速，这不仅会使你头脑清醒，还能让你心情愉悦。你可以以此为起点，逐步增加锻炼的强度和多样性。

我非常喜欢短时间、高强度的锻炼和举重训练。关于举重，我们的文化中已经形成了一些误解。许多人误以为举重会降低身体的灵活性（但事实完全相反），或者认为它会让肌肉变得过于发达（只有专门为此训练时才会如此）。实际上，抗阻训练不仅能改善情绪和记忆力，而且对长期健康有益。[15] 从我的个人经验来看，这样的训练让我感到自信满满、力量十足。

决策公式

人生是由大大小小的决策叠加而成的。奇怪的是，"决策"居然不是一门公认的学科，也不是高中的常规课程。书店里应该有一个专区，专门摆放关于决策的书籍。小布什总统曾因自称"我是决策者"而饱受诟病，但他实际上深刻揭示了总统职位的本质——这与杜鲁门总统桌上"责任到此，不能再推"的铭牌传达的是同一个理念。在白宫，有一套由专家组成的系统，他们负责处理所有容易的决策，以及大多数困难的决策。最终摆在总统办公桌上的，都是那些棘手的、无论结果如何都无法让各方满意的决策。在你的个人生活中，你同样会遇到这些决策，而且没有团队的协助。因此，投入一些时间来深思自己的决策过程，探索如何做出更明智的选择，是非常有价值的。

也就是说，我们总是希望增加正确决策，减少错误决策。直觉确实是生存和繁衍的一个可靠指导，然而在一个日益复杂的世界中，我们面临的挑战和机遇都呈指数级增长。我认识到，我需要一个框架、一套价值观，它不仅能帮助我定义我想要的生活方式，还可以像镜头一样，过滤我的思维。

- 在我的价值体系中，资本主义市场竞争是一个核心原则。什么能创造最大的价值？何种举措是走向成功的关键，即便那并非我主观认为的最佳选择？
- 我同样学会了倾听自己的情感，但并不盲目跟从它们的指引。直觉确实有其价值，但你必须学会辨别哪些是你潜意识中涌现的智慧，哪些是因你大脑的杏仁核触发了恐慌或贪婪的按钮所致，后者可能会真的让你陷入困境。
- 我后续在这部分中会讨论，从他人那里获取意见对做出重大决策至关重要。
- 最终，我努力在死亡的阴影下做出生命中最重要的抉择。斯多葛学派的哲学家提醒我们："记住，你终有一死。"这听起来可能有些阴郁，实则不然。我是无神论者，相信人死如灯灭。弗里达·卡罗曾说："我希望自己的生命落幕时是辉煌的，我不愿意再次轮回。"将自己置于生命即将终结的假想之中，有助于我明确人生的方向，衡量哪些决定能够带给我内心的宁静。我深知，在生命的终点更让我感到遗憾的，一定是那些未曾尝试的冒险，而不是那些敢于尝试所带来的后果。

尽管如此，我们不可避免地会做出一些糟糕的决定，而掌握如何处理这些错误的技巧，是生活中不可或缺的一部分。在我年轻的时候，我曾自信地认为，凭借领导力和说服力，我能将任何决策都变为正确的选择。彼时，我更专注于证明自己的决策是正确的，而不是去寻找最佳选项，因为我自认为很出色。诚然，迅速决策确实有其优势，在某种程度上，速度可以弥补方向上的偏差。但果断决策与拒绝纠错是两回事，人们常常将后者误认为坚持原则，事实并非如此。你的决策应是方向的指引和行动的计划，而不是一成不变的束缚。你要拥抱变化，当面对新的信息或有说服力的观点和洞见时，你要积极地转变想法。在错误的道路上后退一步，就是朝正确的方向迈出了一步。

最近，一位成功的小企业主告诉我，根据他的经验，最终胜出的人并不是做出最佳决策的人，而是做出最多决策的人。频繁决策让你获得更多反馈，进而精进自己的决策能力。每一次决策都是一个调整方向的机会，而你做出的决策越多，其中任何一个错误决策让你付出的代价就越小。积累正确的决策可以使人建立信心，积累错误的决策虽然会带来痛苦，但也能让人吸取教训，积累经验，从而更好地应对未来的挑战。

第三章

优化你的关系网

————

我曾有很长一段时间陷入了一个阻碍自我发展的误区，那就是我没有意识到我需要他人，并需要在人际关系上进行投入。一个人的社群包含很多层面，从家人到导师，从工作中积累的人脉到每天接触的众多供应商、合作伙伴、员工以及其他形形色色的人。我认识的最成功的人都通过他们的社群创造了巨大的价值，并反过来为社群提供了更大回报。

品格中一个必要的部分，也是成功的一个关键因素，是对人与人之间相互依存的理解和信念。在《高效能人士的七个习惯》一书中，作者柯维阐述了我们与他人相处的 3 种方式：依赖、独立和相互依存。"独立"深植于美国的民族精神中。但坦率地说，独立很难维持，从长远来看也并非很有成效。独立甚至可能带来负面影响，因为它很容易演变成自私。"相互依存"是柯维用来形容成功人士发展出来的各种关系的术语。斯多葛学派称之为"sympatheia"，用马可·奥勒留的话来说，就是"万物相互交织，彼此共情"。因此，他写道："对待你的同胞要像对待你自己的肢体，就如同他们是你自己的延伸。"

避免愚蠢的行为

我们的行为不仅关乎自己，也影响着周围的人，因此我们要尽量使自己和他人都受益。在《人类愚蠢基本定律》一书中，作者卡洛·奇波拉用一个 2×2 的矩阵来分析不同人群对自身和他人的影响（见图 3-1）。在矩阵的左下角是"愚蠢之人"，即我们最不想被归为的一类人，其定义是那些对他人造成伤害，自己也没有获得任何收益，甚至可能造成损失的人。我们往往低估身边愚蠢之人的数量，因为一个人是否愚蠢与他的其他特征或资格证明无关。我们这些不愚蠢的人容易受到愚蠢之人及其行为的伤害，因为我们很难想象和理解，或者有效地对抗他们那些不合理且无法预测的攻击。正如弗里德里希·席勒所言："对抗愚蠢，连神明也束手无策。"

无助之人　利他　智者
即使处境艰难，也贡献出自己的力量（例如："挣扎的艺术家"）　将他们的智慧用于个人和社会的福祉

利己

愚蠢之人　强盗
既危害自身，又危害社会　通过损害社会利益来获取个人利益

图 3-1　奇波拉愚蠢矩阵

图片来源：卡洛·奇波拉，《人类愚蠢基本定律》

我们要承认愚蠢的存在，学会如何避免变得愚蠢，并追求智慧。这同样是一种品格，一种值得追求的高尚品格。

别一意孤行

人们常常对有钱人持有偏见，认为他们像《辛普森一家》中的蒙蒂·伯恩斯一样：虚伪成性，满口谎言，通过欺骗他人来获取财富。但以我的经验来看，事实恰恰相反。大多数有钱人都拥有良好的品行。他们通常对他人彬彬有礼，工作勤奋，生活有度，坚守原则。这并不奇怪，因为当周围的人都支持你时，成功自然是水到渠成的。强大的品格是财富的加速器。

当然，任何规则都有例外。有些人确实能在品行不端的情况下获得巨额财富，但这并不是我们效仿他们的理由。此外，那些缺乏良好品格的暴富者往往会迷失方向，财富也会随之而去。尤其是当他们犯错时，身边没有真正的朋友或支持他们的交际网来提供诚实的建议，帮助他们重回正轨。相反，他们身边更多的是阿谀奉承之辈。良好的品格不仅有助于创造财富，更是守护财富的关键。

建立人际关系和行为边界

我们应该积极寻找机会服务他人，与他人建立紧密的联系。对大多数人来说，最坚实、最有力的关系纽带就是家庭。例如：传统的摩门教家庭会将部分收入（甚至全部财产）捐献给教会。这种做法意义深远，它能把个人工作与更崇高的目标直接联系起来。

根据我的经验，虽然捐出 10% 的收入是一种付出，但那些为更高目标而工作的人往往拥有更强的赚钱能力，最终获得的收入足以弥补甚至超越这部分付出。就像摩门教徒将收入捐献给教会一样，领导者和企业高管也应该将服务股东视为一种奉献。这种奉献精神不仅能带来更崇高的目标感，也能在实践中获得更大的回报。

随着你取得的成就越来越大，这一点变得越发重要。在任何领域取得成功都会带来权力——财富的权力、影响他人职业生涯的权力，甚至改变世界的权力。权力也是一种药，它会淡化代价，放大回报。与没有权力的人相比，有权力的人在心理上更倾向于凭直觉行事。这种心理倾向在一定程度上助长了职场性骚扰行为。权力在潜意识中能够影响性唤起。性侵犯者和性骚扰者普遍有一种错误的信念，即认为他们的举动会得到对方的欢迎。因此，权力有时的确会令人沉醉，失去理智。

而应对上述情况的方法就是将自己与服务他人紧密联系起来。这种服务可以是个人层面的，例如养育子女；也可以是机构层面的，例如参加教会活动；或者是组织层面的，例如加入董事会。在电影《华尔街》中，自私与贪婪的化身戈登·盖柯告诉他的门徒："如果你需要朋友，养条狗吧。"这句台词设计得很好，意在表明盖柯是个多么自私的浑蛋。但这其实也是个不错的建议，不是因为狗忠诚，即使它们确实忠诚，也不是因为它们很有感情，而是因为它们需要你。

组建"厨房内阁"

除了设定行为的安全护栏之外，你还应该逐步组建一个非正式的私人智囊团为你提供指导，也就是所谓的"厨房内阁"（见图 3-2）。"厨房内阁"一词源于安德鲁·杰克逊总统，在他执政时期，他定期与一群他信任的政府外顾问进行会面。几乎所有成功的领导者都熟悉这个概念，这个智囊团由组织架构之外的人员组成，他们能提供坦率、客观的建议。在你的职业发展过程中，你需要建立一个既能助你一臂之力也能让你脚踏实地的"厨房内阁"。"厨房内阁"中的这些人应该是你信任的人，他们以你的最大利益为出发点，并且敢于在你表现得像个浑蛋时直言相告。当你需要职业建议、对商业和个人决策的其他意见，或者只是想找人梳理思绪时，你的"厨房内阁"就是你寻求帮助的对象。

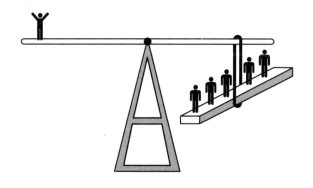

图 3-2 "厨房内阁"示意图

在理想情况下，"厨房内阁"的成员应该是经验丰富、头脑聪明的人，但这并不是他们最重要的优点。他们最大的价值在于他们不是你。当局者迷，旁观者清，"厨房内阁"能为你提供无论你多么有才华或努力都无法获得的东西：不同的视角。征求他人的意见并不意味着你必须接受所有建议。往往建议中最有价值的并非某个具体的行动方案，而是你得到的问题和回应——它们能够对你的思考进行检验，帮助你更深入地审视问题。

即便在我最以自我为中心的时刻，我也始终尊重他人的忠告（尽管不总是采纳）。我的身边聚集了一群我信任的、深知我脾性并愿意坦诚告诉我他们真实想法的人，而不是那些仅仅为了迎合我而说话的人。我从他们那里收到的许多宝贵建议，往往不是指导我该采取什么行动，而是告诫我应避免哪些行为。我这一生犯下了不少愚蠢的错误。但是，正是由于有人及时提醒，"嘿，或许……你不应该那样做"，才让我数次避免可能导致严重后果的决策失误。

慷慨待人

做正确的事情并不总是容易的。如何在面对个人背叛时管理情绪，或在团队生产力严重下降时带领他们走出困境——这些事情都是对我们内在品质的考验。然而，更多时候，做正确的事其实轻而易举，它简单到我们可能会忽视这样的机会。但这种忽视是一个错误，越是容易做正确的选择时，越要格外小心，这会培养出我们在面临真正的挑战时所需的慷慨、风度和洞察力。记住，你的行为塑造了你的身份。

因此，给小费的时候要大方。小费不仅是给服务人员金钱上的奖励，它还有更广义的含义：在餐厅、酒店、诊所、出租车，甚至在最考验服务质量的地方——机场，对每一个我们遇到的人都表达善意。我们身处服务型经济，日常生活中会频繁地与服务人员打交道。每一次这样的交流都是培养美德、塑造品格的良机。无论是一杯制作出错的拿铁，还是一次重复约定的会面，都是一个选择的机会：你可以选择小题大做，因一点儿不便而苛责他人，也可以选择展现宽容，让周围人的日子更好过一点儿。

友善的行为不仅能降低应激激素水平[16]，还能提升你的幸福感。为他人花钱对降低血压的效果堪比健康饮食。而无私的利他行为，简直称得上是一种天然的止痛药。你不妨在点第二份炸薯条时，慷慨地给厨师 20 美元小费，这样皆大欢喜。这就是慷慨待人的好处，我爱这样的科学。

广交富友

从孩提时代起，我们就通过模仿来学习。我们在潜意识中不断观察着周围人的行为，并相应地塑造自己的行为模式。与我们交往的人对我们的影响很大，其中的启示清晰明了：为你的潜意识提供最优质的榜样作为模仿对象。

我们的大脑天生就倾向于将自己的行为与他人的行为联系起来。所谓的镜像神经元是一种特殊的神经回路，当我们自己做出某个动作时，或当我们观察到他人做出该动作时，甚至在某些情况下，仅仅是想象他人做出该动作时，这些神经回路都会被激活。作为社会性动物，我们不断地与他人进行比较，向他人学习，并调整自己的行为以适应群体的规范。人们甚至在与他人一起用餐时会吃得更多。[17] 人类是卓越的模仿者，模仿是我们童年学习的主要方式，并一直延续到成年。[18] 事实上，有证据表明成年人更容易无意识地模仿他人的行为——儿童足够聪明，只模仿能解决问题或者获得奖励的行为，成年人则会盲目地模仿老师，甚至他们的言谈举止。这包括我们对待金钱的行为。据调查，78% 的年轻人表示，他们会有意识地模仿朋友的财务习惯[19]，我怀疑实际数字接近 100%。

正如许多科学研究的一样，哲学家也早就洞察了这一点。2 000 年前，塞涅卡写道："选择那些能够促进你成长的人作为伙伴。欢迎那些你能助其一臂之力的人。这是一个相互促进的过程——教学相长。"

这是我提出的比较有争议的一条建议，真正让人们感到不满的是它的推论，即你应该优雅地结束那些阻碍你发展的个人关系。需要明确的是，我并不是建议你彻底抛弃儿时的朋友，或者仅因为某人的经济状况就跟他断绝联系。长久的关系具有无法复制的内在价值。真挚的友谊是命运的馈赠。但令人不安的事实是，即使曾经牢固的友谊也可能变得有害。不是每个人都能摆脱不成熟、自私自利的性格，几乎每个人都有这样的朋友。你不应该模仿这种人的行为，也没有义务仅仅因为你们碰巧在高中或第一份工作时相识就与某人一直保持联系。斯多葛学派哲学家爱比克泰德是这样说的："最重要的是，你要时刻警醒，如果你过去的熟人和朋友已经不值得深交，永远不要因为与他们过于亲密而被拉低了水平。如果你不这样做，你就很有可能会被毁掉……你必须选择是继续被这些朋友喜爱，保持原样，还是成为一个更好的人，失去这些朋友……如果你试图两者兼得，那么你既不会进步，也不会留住你曾经拥有的东西。"

结识富有的人并与他们建立联系，能为你提供获取和驾驭财富的行为参考。如果你像我一样，在成长过程中没有太多接触金钱的机会，那么这一点尤为重要。有钱人往往有自己的圈子，这个社交网络可能非常宝贵。虽然人脉常常被过分夸大——它很少能弥补能力或努力的不足，但良好的人际关系网能够为你提供更多机会，让你的能力与努力被更好地发挥。

不过，对于你的富有朋友的投资观点，你需要保持警惕。实际上，你对任何谈论自己投资的人都应该如此。人们更倾向于谈论自己的成功而非失败，因此在任何关于投资的讨论中，你就可能会感觉自己格格不入，似乎是唯一一个没有"辉煌战绩"的人。我们可以从他人的成功中吸取经验，但也要知道他们同样经历过失败。

坦诚谈钱

在人际交往中，不要不好意思谈钱。有钱人和雇主们常常传播这样一种观念：谈论金钱是不礼貌的，应该避免。这完全是无稽之谈。无论是否情愿，我们都生活在一个资本社会中，金钱是这个社会运转的基础。那些拥有财富的人自然不希望其他人过多地讨论金钱，他们担心其他人可能从中获得启发。音乐家们讨论音乐，程序员们交流代码，高尔夫球爱好者们喋喋不休地谈论高尔夫球（顺便说一句，放弃高尔夫球没什么好遗憾的）。既然我们所有人，无论喜欢与否都是资本社会的一部分，那为什么不谈论金钱呢？通过交流，你可以搜集薪酬信息，优化你的减税策略，提高制订预算的技能，并对自己的应急计划进行实际检验。让谈论金钱成为一种常态，这样你就能在理财方面变得更加游刃有余。

婚姻，最重要的关系

你一生中最重要的经济决策不是选择什么专业，在哪里工作，买什么股票或者住在哪里，而是选择和谁共度一生。与配偶的关系是你生命中最关键的关系，它将对你的经济轨迹产生巨大影响。

从经济角度来看，结婚，并与伴侣白头偕老是人生最划算的投资之一。统计数据显示，已婚人士的财富比单身人士的多77%。[20] 在通常情况下，每年的婚姻生活会让你的净资产增加16%。此外，已婚人士比单身人士更长寿[21]，也更幸福，其中有很多原因，但让我深有感触的一点是，婚姻提供了一种问责机制，而这种机制对于成功至关重要。就像首席执行官对董事会和股东负责一样，你的配偶是你最坚定的支持者，他比任何人都希望你成功，也会尽全力帮助你实现目标。在我所知的最成功的婚姻关系中，双方都已经深刻理解并接受了满足对方期望的重要性。

然而，与任何重大决策一样，婚姻也存在风险。离婚可能成为个人财务上最糟糕的决定之一。在美国，离婚平均会让个人的财富缩水至原来的1/4，这一影响对男性和女性来说都是普遍存在的。[22]

经营好婚姻是一项涉及诸多方面的终身工程，而金钱在其中扮演的角色比我们愿意承认的要重要得多。在美国，无论是男性还是女性，导致离婚的最大因素不是出轨、育儿分歧或职业规划差异，而是经济纠纷。金钱是美国夫妇争吵的第二大话题[23]，仅次于语气或态度。在面临财务压力的美国人中，有一半表示这已经对他们与伴侣的亲密关系产生了负面影响。[24] 缺钱是夫妻关系紧张的主要原因之一，甚至可能是最主要的原因，这也是为什么低收入美国人的离婚率明显更高。[25]

与比你更擅长理财的人结婚可能是一个巨大的优势（注意："更擅长理财"并不意味着吝啬）。与理财能力不如你的人结婚也未尝不可，毕竟有一半的配偶都是如此，但你要清楚自己将面临的挑战。我有一个朋友收入很高，但他的伴侣在消费方面毫无节制。举个例子，他的伴侣竟然会为了一场晚宴花费 1 500 美元来购买鲜花，这绝非玩笑。他们在金钱管理上的分歧成了两人焦虑的根源。金钱关系的不健康可能有多种表现形式，它会逐渐侵蚀夫妻关系。

从一开始，你们就必须正视钱的问题。婚姻包含诸多层面，而经济契约是其中之一。这要求双方开诚布公地讨论金钱问题。将金钱视为禁忌可能是美国最不理智的社会规范之一。我们应该找时间坐下来进行一次更深入的对话。我们对金钱的态度是什么？生活中哪些具体事例支持了这一看法？问题不在于我们理想中的金钱观，而在于我们实际的态度。我们期望达到怎样的经济水平？我们两人如何共同努力维持这一水平？在婚姻中，最重要的贡献有时并不是金钱方面的。当面临困境时，沟通尤为重要。就像面对董事会时一样，坏消息并不可怕，可怕的是突如其来的意外。

■ 行动塑造品格。财富自由不是纸上谈兵的产物，而是行动模式的结果。如果只是空有规划，你就无法实现财富自由。你必须付诸行动。

■ 长期培养品格。实现知行合一的关键是品格。品格是抵御人性弱点的盾牌，也是让我们免受资本主义诱惑的屏障。

■ 放慢步伐。留意那些日常无意识做出的决定——不吃早餐，或对轻蔑做出回应等。在行动之前，告诉自己"我能掌控这件事，我的反应由我决定"。

■ 接受情绪反应。不要否认愤怒、羞耻或恐惧，这些情绪是自然而健康的，但不要让它们左右你的行动。有时你需要一个释放情绪的出口，你可以找一个健康的发泄方式。

■ 主动培养好习惯。确定你希望培养的行为，并运用科学的习惯养成方法，让它们成为你的第二天性。

■ 放手去做。避免陷入过度分析的陷阱。不要把计划等同于行动，你应该在实践和试错中学习和进步，这比理论学习更有效。

■ 追求奖励，但不要过分依赖。你需要动力。金钱和地位等奖励是强大的动力，但总会有更豪华的房子、更高级的俱乐部——你赚的钱越多，其价值就越低。不要指望这些奖励本身能给你带来幸福。

■ 承认运气。大多数人倾向于把积极的结果归于自己，而将消极的结果归于外部因素。有些人则完全相反。注意你个人的倾向，并在评估结果时将其考虑在内。

■ 强身健体。定期锻炼与健康、成功和幸福之间的关联是不可否认的。你应当腾出时间进行体育锻炼，更高的工作效率最终会为你赢得更多的时间。举重、跑步，动起来吧！

■ 良好决策。你应该了解自己的决策过程，回顾过往的成败得失，从中汲取经验教训。最终，你可能会更后悔那些未曾尝试的冒险，而非那些冒险带来的后果。

■ 避免愚蠢的行为。愚蠢的人损人不利己。成功与否取决于你的社交网络和所处环境的健康状况。

■ 寻求建议，规范自己的行为。你应该找到并珍视生活中那些让你脚踏实地、提供不同视角的人和组织。当你拥有财富和权力时，这一点尤其重要，因为对你坦诚相待的人会越来越少。

■ 慷慨待人。这不仅能让你获得更好的服务，还能提升幸福感，甚至延长寿命。

■ 广交富友。有钱人不仅是理财的楷模，还能为你带来机遇，激励你追求更高的目标。

■ 坦诚谈钱。无论我们对金钱的态度如何，它都是社会运转的核心。我们应当正视金钱，开诚布公地讨论金钱，因为它的重要性不容忽视，也不应回避。

■ 用心经营伴侣关系。选择与谁共度一生，是你生命中最为关键的决定。伴侣关系是你最重要的人际纽带。婚姻是经济的助推器，但它需要双方共同努力、悉心呵护才能持久。

第二部分
———
专注

$$财富 = 专注 + (自律 \times 时间 \times 分散投资)$$

心之所向，决定所成。我们的大脑无时无刻不在处理来自感官和潜意识的海量信息。而意识——我们自我感知的核心，像一个无情的过滤器，它只允许其中极少部分的信息浮出水面。在每个瞬间，我们只能追随一条思维线索，只能关注一条相对狭窄的刺激流。专注，就是我们选择将注意力投向何处。

年复一年，周而复始，社会向我们展示着一系列的诱惑与恐吓，人生的道路看似广阔无垠，却又需要我们在分岔路口不断做出选择。我们的生活，正是这些选择塑造的结果。我们可以随波逐流，时而幸运地踏入成功的殿堂，时而又迷失在茫茫人海。抑或是我们可以凭借远见卓识和灵活应变的能力，选择一条经过深思熟虑的道路，保持清醒，笃定专注。

实现财富自由并非一朝一夕之功，往往需要数十年如一日的坚持与努力。在这漫长的征途中，唯有保持专注，才能有所成。回顾我个人的成功之路，这同样是诸多因素共同作用的结果，其中大部分因素都不在我的个人控制范围之内。然而，我始终坚信，我能掌控的，也正是你能掌控的，就是竭尽全力，并始终保持专注。勤奋固然是职业发展的动力，但一个人若缺乏专注，就如同在原地打转，空耗精力，终将一无所获。

一个人仅仅被告知要"专注"是不够的，因此这一部分将深入探讨如何培养并引导自己的专注力，尤其是在职业生涯中——我认为，职业发展应该占据一个人的主要时间和精力。这些建议源自我个人在职场中摸爬滚打的经验教训，以及从同事、客户、学生和朋友身上观察到的有效方法。我将按照时间顺序展开，首先探讨如何选择适合自己的职业方向，接着会分享一些随着职业发展而变得更为重要的见解。虽然每个人的职业生涯都是独一无二且不断变化的，但我相信这些原则普遍适用于大多数领域和人生阶段。

第四章

生活与事业的平衡

——

人们常说，你可以拥有一切，但不可能同时拥有。这句话虽然是普遍真理，但在每个人的生活中有着不同的体现。我的人生也是如此，它分阶段展开，如今我所享受的生活平衡，正是建立在二三十岁时的不平衡之上。从 22 岁到 34 岁，除了在商学院的短暂时光，我的生活几乎被工作填满。办公室里无休止的加班，出差路上的奔波劳碌，被迫取消的计划，无奈错失的体验……年轻时，初入职场的我根本不懂得平衡工作与生活，为此付出了沉重的代价：婚姻破裂，头发稀疏，甚至可以说，我失去了 20 多岁时的青春。这些代价都是真实而沉重的。然而，回首往事，我觉得一切都是值得的。或许有些事情我会选择用不同的方式去做，但减少工作量绝不是其中之一。

对很多人来说，这种"先苦后甜"的人生轨迹并不陌生。事实上，在我认识的人中，那些没有幸运地继承遗产的聪明人，无不在至少 20 年的时间里埋头苦干，为事业打拼。最近一项针对

233 位百万富翁的研究也印证了这一点，其中 86% 的人每周工作超过 50 个小时。[1]

然而，并非每个人都能够或愿意将如此多的时间和精力投入事业。虽然我认为，没有大量的辛勤付出，就很难（合法地）实现财富自由，但我们可以通过一些方法来最大限度地利用时间，提高效率。事实上，这部分的后续内容正是围绕这一主题展开的——无论你每周工作 30 个小时还是 60 个小时，都应该追求时间的高效利用。如果你每周工作时间更接近 30 个小时，充分利用这些时间就变得尤为关键。

坦然接受

由于个人选择和不可控因素，你能投入工作的时间必然存在实际限制。但切勿让心理上的障碍进一步加剧这一问题。你需要认识到，在人生的黄金时期（对大多数人而言，是从 20 岁到 40 岁，但这些并非硬性界限），工作占据首要地位。你将不可避免地在工作上投入大量时间，难道你真的希望在这段时间里一直心怀不满吗？

正如这部分所讨论的，如果你从事的工作是你擅长的且有经济回报的，如果你对不断精进的技艺充满热情，那么接受工作的重要性会更加容易。这是专注的良性循环。相反，如果你因为深夜加班和周末工作（更不用说为此投入的情感能量和认知资源）占据了你的爱好和娱乐时间而感到不满，你就无法发挥出最佳状态，无法出色地完成工作，最糟糕的是，你甚至无法享受生活的其他方面，因为怨恨会给一切蒙上阴影。提醒自己，虽然未来的你可能对现在的你来说并不真实，但他将来会感激你现在的付出。

同样，不要试图模仿别人，也不要对自己无法兼顾一切而心怀怨恨。你可能会遇到一些人，他们似乎拥有完美的人际关系、健康的身材，他们积极参与动物保护志愿活动，运营着美食博客，同时在职场上叱咤风云，但请记住，你不是那样的全能超人。实际上，他们很可能也不是——你永远不会知道他们在背后做出了哪些牺牲，或者他们得到了哪些支持。我很早就明白，我不是那种人。我虽然有才能，但它不足以让我在不付出努力的情况下获得财富自由，而且实事求是地说，你很可能也不是。学会接受自己的局限性，并与之和平共处。

灵活安排时间

能否在履行其他职责的同时灵活调配时间，自由安排工作日程，将直接影响你的工作时间。随着科技的进步，知识型工作整体上变得更具灵活性，但这种灵活性并非人人平等。对于需要团队协作、担任管理角色或在大型组织内工作的职位，固定的工作时间更为普遍。那些涉及客户服务、患者护理或与顾客直接互动的职位，其工作灵活性则相对有限。也就是说，你投入事业的时间越少，你就越能享受工作的灵活性。

通过在工作中建立良好的声誉，你可以获得一定的灵活性，但需要注意的是，这种声誉往往只在特定的组织内有效。在一家公司工作 5~10 年后，一位表现卓越的员工通常能赢得管理层的信任，从而获得灵活调整工作时间的特权。然而，一旦跳槽到另一家公司，他就需要重新建立这样的声誉。

随着职位的提升，优秀的管理能力也能为你带来更大的工作灵活性。在工作中，没有什么比将一项复杂的任务交给你的团队，并对他们能够出色完成充满信心更令人满足的了。管理是一种可以通过学习掌握的技能，而非天生的性格特质。

因此，如果你希望工作以外的时间完全由自己支配，不想做出妥协，那么你的职业发展轨迹要偏向于展现个人能力，打造高效完成工作的声誉；如果你在某个组织内工作，就更要练就出色的团队管理和任务分配技能。

与伴侣携手并进

要想最大限度地提高效率，最重要的一个杠杆就是找到合适的伴侣。两人组成的团队比两个单身人士能完成更多的事情，因为一个家庭的良好运转需要投入固定的时间和精力。你需要和伴侣一起分担这些责任。当然，在有孩子的情况下更是如此。但人们往往低估了婚姻本身对职业发展的促进作用。

我认识的大多数真正成功的人，往往拥有一个优秀的伴侣，双方在家庭和事业责任方面扮演着不同的角色，共同承担家庭的责任，支持彼此的事业发展。正如追求平衡是毕生事业，而不是某一天的目标，大多数成功的伴侣也是共同寻求平衡，而不是各顾各的。不要想当然地认为你一定会成为事业型的那一方，或者只能回归家庭。这在一定程度上取决于灵活性：我在 L2 的一个创始合伙人之所以能够在孩子年幼时全身心投入自己的电视新闻事业，是因为她的丈夫正在创业。他的时间安排虽然紧张，但也很灵活。所以，当需要有人去学校接生病的孩子，或家里有东西要修理时，这位合伙人不必离开演播室。

事多效率高

即使你有其他优先事项，也不要低估自己的工作能力和完成工作的潜力。在我自己的先知品牌战略咨询公司成立之初，我对此深有体会。一开始，我们面临人才短缺的问题。找到客户对我来说不是问题，真正的挑战在于吸引到足够多优秀的人来支持我们快速扩张。原因显而易见：经验丰富的顾问没必要来给一个刚从商学院毕业的 26 岁年轻人打工。我们无意间找到了解决方案：招聘那些想重返职场的新手妈妈。大公司可以坚持自己的招聘要求，因为他们有这个资本。而我们的公司默默无闻，需要更具创造性。所以，这些头脑聪明、经验丰富的顾问愿意加入我们，因为我允许她们提前下班，甚至每周有几天在家工作。这在当时可是个大胆的举措！

事实证明，这些新手妈妈是我们效率最高、最有价值的员工。她们要处理很多事情：客户管理、团队协作、脑力劳动本身，还要履行家庭责任。所以，她们别无选择，只能高效工作。相比之下，那些未能按时完成任务的同事，实际上并没有那么多事情要处理，但这反而成了他们的劣势。他们误以为可以中午慢悠悠地吃饭，上班的时候玩游戏，然后熬夜加班来完成工作。这验证了那句老话："人忙心不乱，事多效率高。"

归根结底，一切都在于专注。专注就是学会说"不"。正如乔布斯坚信，他作为首席执行官的最重要的任务就是拒绝。当马斯克打造最好的汽车时，他也奉行"大道至简"的理念。想办法精简你的生活，这样你就可以专注于真正重要的事物。然后，付诸行动。

第五章

切勿追随热情

如果有人建议你追随自己的热情，那意味着他们很可能已经实现了财富自由。而且在通常情况下，他们的财富来自钢铁冶炼等行业。你的使命是发掘自己的长处，并且持之以恒地投入无数小时的努力和牺牲，以达到卓越的境界。

随着你不断进步，成长的喜悦、对专业技能的掌握、经济上的回报、社会的认可以及团队的友谊，都将激发你对所从事工作的热爱。没有人会从小就宣称对税法充满热情，但美国顶尖的税务律师不仅实现了财富自由，还能在更广阔的范围里选择更优秀的伙伴。而且他们因为在这一领域出类拔萃，所以也对税法充满了热情。

你不太可能在不喜欢做的事情上做到顶尖，但精通能带来热情。

未知未觉

"追随你的热情"这句话看似鼓舞人心，实则对大多数人来说难以实践。斯坦福大学心理学家威廉·戴蒙的研究表明，26 岁以下的年轻人中，仅有 20% 能明确说出指引他们人生选择的热情所在。[2] 这意味着，即使我们渴望追随热情，大多数人也因无法确定热情是什么而迷失方向。此外，即便我们能"明确说出一种热情"，这种热情也往往是社会塑造的结果，它反映的是文化期待，而非内心的真实感受。研究发现，年轻人的"热情"实际上"极易变化且容易受到外界影响"，甚至教室的装饰风格都能对其产生影响。[3] 因此，对大多数人而言，那种能指引我们前进，像北极星一样的热情并非与生俱来，而是需要我们在生活中不断探索和培养的。

作家卡尔·纽波特在其著作《优秀到不能被忽视》中，对所谓的"热情假说"进行了全面批驳。他首先聚焦这一理念最著名的倡导者——乔布斯。2005 年，乔布斯在斯坦福大学的毕业典礼上发表演讲，鼓励毕业生"找到自己的热爱"，并以此为事业。这段演讲在优兔上的观看次数已超过 4 000 万次。然而，纽波特指出，乔布斯自己的职业生涯实际上与其演讲中的建议相悖。在创办苹果公司之前，乔布斯兴趣广泛，涉及冥想、书法、果食主义、赤脚行走等。他最初对科技的兴趣是制造一种可以免费拨打长途电话的设备（如果你对此感到困惑，不妨问问你的父母）。他当最终找到自己的使命时，却发现这与他之前的兴趣爱好并无关联。他的使命是推广一款由他人——他的朋友史蒂夫·沃兹尼亚克打造的个人电脑。乔布斯不是简单地追随热爱，而是发现了自己的天赋。他之所以对推广个人电脑（他后来称之为"思想的自行车"）充满热情，是因为他在这方面表现出色。

别把爱好当职业

如果你认为在踏上精通之路之前必须对某事充满热情，那么你很可能陷入供过于求的职业陷阱。这些职业更适合作为业余爱好，而非谋生的手段。[4] 数据表明，仅有 2% 的职业演员能以表演为生，世界前 1% 的顶尖音乐家录制音乐的收入占其总收入的77%，而超过半数的视觉艺术家从艺术创作中获得的收入不足其总收入的 10%。数字媒体本应改变这种状况，但它实际上进一步加剧了赢家通吃的局面。优兔上排名前 3% 的频道占据了 85%的观看量，即使一个创作者达到了这个标准，即每月约一百万次的观看量，他的热情每年也只能转化为 1.5 万美元的微薄收入。

在娱乐行业以及其他看似光鲜亮丽的职业领域，选角导演、制片人、高级副总裁，也就是那些极少数掌握话语权的人，深知璞玉比比皆是，而且源源不断。他们没有理由去投资或培养那些尚未证明自己具有商业价值的人。无论是投资银行、体育界、音乐界还是时尚界，这一问题普遍存在。香奈儿曾经是我的客户，这个全球顶尖的奢侈品牌，其产品毛利率超过 90%，售价动辄数千美元。拥有香奈儿品牌的家族都是亿万富翁，但他们招聘无薪实习生。这些亿万富翁决定不为那些怀揣时尚梦想的年轻人，主要是年轻女性，支付哪怕是最低的时薪。他们为什么会这么做？答案很简单：因为他们可以。"追随你的热情"这句话，翻译过来就是"准备接受剥削吧"。

即使你的热情与某个职业完美契合，这个建议在人生早期也同样适用。法学院里不乏从小看经典美剧《法律与秩序》长大，梦想成为律师的人，但他们中的很多人在短短几年后就离开了这个行业，并对自己的选择后悔不已。一份工作从外部或者更糟糕的是在电视上，看起来的样子，很少与实际情况相符。这并不是说现实情况会相对不好，只是有所不同而已。职业运动员热爱竞争，尤其是团队运动的运动员，但当他们离开赛场时，他们最怀念的往往不是胜利的瞬间，而是队友之间的友谊，是忘我专注的时刻，是在训练场上与他人一起努力的联结。这些是作为观众的我们很少能够感知的深层次体验。

工作消磨热情

将热情作为职业不仅会损害你的事业，更会消磨你的热情。工作充满艰辛，挫折、不公和失望，这是在所难免的。如果你仅仅因为"热爱"而踏入某个领域，这份热情很可能就会在现实的磨砺下逐渐消逝。正如摩根·豪泽尔所言："按照你无法掌控的时间表做你热爱的事情，与做你厌恶的事情并无二致。"诚然，Jay-Z 追随热情并取得了巨大成功，但你不是 Jay-Z。所以，不妨将热情留给周末吧。

第六章

追随天赋

与热情不同，天赋是可观察、可衡量的，它更容易转化为高薪职业。而且，天赋越被充分利用，就越能得到提升。对某件事物的热情可能会让你做得更好，而天赋绝对会让你更出色。经济学家所说的"匹配质量"，指的是员工的天赋与工作的契合程度。研究反复表明，在匹配度高的领域，员工表现更好、进步更快、收入更高。[5] 做擅长的事情会形成良性循环：你将更快地取得成就，从而增强信心，专注努力；你的大脑也会更高效地运转，因为奖励性神经化学物质的流动会改善记忆力和技能发展。[6] 整个体验充满愉悦而非痛苦，让你更容易日复一日、年复一年地坚持下去。

何谓"天赋"

我对"天赋"的定义十分宽泛。一般来说，我们可以这样思考天赋是什么：哪些事情对你来说轻而易举，对其他人来说却困难重重？这实际上也是商业战略的核心：你能做到什么别人做不到的事情？我们通常认为"天赋"与弹奏乐器或数学能力有关，但职业成功所需要的技能远不止这些。

康妮·哈尔奎斯特是我创业早期聘请的一名员工，在加入我们公司之前有着丰富多元的经历：她曾是研究法国的学者、职业网球选手，也做过外汇交易员。这些职业显然都需要具备一些显而易见的天赋。然而，在先知品牌战略咨询公司工作期间，哈尔奎斯特发现了自己真正的才能——管理人才。我很少见过有谁能像她一样，如此擅长制订计划、激励团队，并带领大家朝着共同目标前进。这也是她必须做到的，因为从她加入公司的第一周起，我的策略就是尽力争取最具挑战性的大项目，然后交给她去完成。事实证明，她总能出色地完成任务。后来，她创办了自己的公司，并被多家公司聘请为首席执行官。与网球或交易不同，"管理人才"这种天赋难以明确定义，但一旦被识别和培养，它无疑是个人最有价值的才能之一。人们常认为聪明善良的人就能成为优秀的管理者，其实不然。管理是一项独特的技能，可以通过培训获得，但与大多数技能一样，有天赋的人更容易将其发挥到极致。

我生命中的一位让我备受启发的人是斯科特·哈里森，他创立了独具一格、备受瞩目的非营利组织"净水慈善"。我初识他时，他还是纽约夜店圈的推广人，凭借对潮流的敏锐嗅觉和广泛的人脉资源在业内做得风生水起。他当时魅力四射，如今依然如此。事实证明，这种拓展人脉的天赋在他决定追求更有意义的人生时发挥了关键作用——他将其转化为强大的筹款能力。就像当年为夜店派对吸引嘉宾一样，他为"净水慈善"建立了坚实的捐赠者基础。当然，哈里森还有很多其他才能，"净水慈善"也在很多方面具有创新性和值得称道之处，但如果没有他在人际关系方面的才能，这一切就无从谈起。

天赋就是你能做到而别人不能或不愿做的事情。我大学毕业后的第一份工作是在摩根士丹利做分析师。大多数同事的专业能力都比我强，他们是凭实力进来的，我则是"滑"进来的——部门主管恰好也是大学赛艇队的，他认为这表明我能成为一名出色的投资银行家。我的同事们更适应金融和华尔街文化，与我们那些"宇宙主宰者"般的老板有更多共同语言，而且最关键的是，他们对自己为何选择这份工作有着更清晰的认识。我知道自己永远不可能在投资银行分析师这一职位上超越那些名校精英。但雇用我的副总裁有一点说对了：大学赛艇队让我早上5点起床，划船划到筋疲力尽；在这个过程中，我学会了忍受痛苦。于是，我充分利用了这一点。当同事们凌晨2点离开办公室，我还在工作；当他们在早上8点回来时，我仍旧在电脑前。我办公室的抽屉里总是备有一件替换衬衫。每个星期二，我从早上9点开始连续工作36个小时。我因此小有名气，在那种环境下，这样的名声很有价值。如果这听起来有些扭曲，像是在美化过度劳累……请相信你的直觉。我的建议并不是"为了熬夜而熬夜"。如果我能够在竞争中胜出，并且还能获得更多的睡眠，那么我肯定会选择后者。

发现天赋的关键在于找出你能做到而别人不能或不愿做的事

情。勤奋是一种天赋，好奇心是一种天赋，耐心和同理心也是天赋。对摔跤手和拳击手来说，控制体重是天赋。对赛马骑手而言，身材矮小是天赋。重点是要拓宽思路，广撒网，不仅要审视你的技能，还要考虑你的优势、你的独特之处、你能容忍的事物以及那些让你与众不同的特质。这个过程需要投入时间、保持开放的心态，并进行自我反思。

我的天赋觉醒之旅

我花了多年时间，经历多次尝试和误判，才找到了自己真正的天赋。我曾涉足咨询、电子商务、对冲基金等领域，试图寻找那些能够让他人觉得厉害的职业道路。然而，我始终未能找到自己的核心定位。回过头来看，这些职业尝试都与我真正的才能——沟通能力擦肩而过。虽然现在这一点显而易见，但在当时并非如此明显。

直到 38 岁那年，我加入纽约大学教师团队，才真正开始接近发现自己的天赋。这标志着我职业生涯的真正起点。我每学期教授 12 堂时长 140 分钟的 MBA 二年级营销学课堂。学生人数从最初的 15 人逐渐增加到 50 人，最终稳定在了 300 人。在教学过程中，我不断提炼营销学的精髓，提升了自己的沟通能力。随后，我开始每周更新博客"毒舌不毒心"，制作周播视频节目，出版了我的第一本书，开始了收费演讲，并启动了两个播客。在这个过程中，我的天赋逐渐绽放，转化为我真正的职业，让我在获得财富自由后仍能乐此不疲。它已经成为我的热情所在（写下这句话的时候我有些不好意思，我想读起来也是有点儿肉麻的）。

绕了一大圈才找到自己的天赋也有好处，最大的好处就是这些年作为企业家和顾问的经验给了我丰富的素材可以分享。然而，这种探索过程也是一种奢侈，因为它并非最高效的路径。实际上，你可以更有目的地去发掘和识别自己的才能。

如何发掘自身天赋

那么，如何才能找到自己的天赋呢？对大多数人来说，学校占据了我们人生的前 20 年，但我们的教育系统关注的是我们能取得什么成绩，而不是我们是谁。天赋很少会在不被召唤的情况下显现，而课堂只能激发你在职场中可以利用的一小部分天赋。

将自己置身于多样化的环境、角色和组织。无论是志愿服务、学生工作、各类兼职还是体育运动，不同的环境有助于天赋的显现，因此你可以尽早进行多方面的尝试。记住，了解哪些不适合你、哪些领域你不够擅长，同样是识别自己优势的重要一步。这种探索在求学阶段和职业生涯的早期尤为宝贵，因为你拥有充足的时间来试错和发现。将 20 岁的年华看作探索和实验的时期，30 岁时致力于在选定领域内精进技能，40 岁或 50 岁则是收获成就的阶段。

预先设计好的性格分析框架可以在寻找个人天赋的过程中提供指导。我对此兴趣一般，因为此类系统的科学基础有限且存在争议[7]，但尝试所需的时间成本微乎其微，而在职业生涯早期，哪怕是小小的方向调整或激励，都可能带来巨大收益。亿万富翁、对冲基金经理瑞·达利欧就非常推崇性格测试，他在自己的桥水公司也积极地运用这些测试。桥水采用一种名为"棒球卡"的方法，让员工在"创造力""外向性"等不同维度上彼此进行评估，以此来更深入地理解各自的天赋。尽管我认为这种做法可能有些过头，但达利欧管理的资产规模超过 2 000 亿美元，似乎也足以证明他的方法有其可取之处。

MBTI 是性格评估中最著名的工具之一。MBTI 通过一系列的问题，根据 4 个关键维度来描绘出一个人的性格轮廓。尽管许多人在得知自己的 MBTI 类型时并不感到意外，但回答问题和阅读结果的过程本身能带来启发——不要局限于标签上，而应该深入阅读关于自己的四字母类型代码的简要总结。另一个值得考虑的工具是盖洛普的克利夫顿优势识别器，它更直接地专注于识别天赋。这项测试能够识别出 35 个不同的优势领域，并通过评估帮助你确定自己的前五大优势。

除了标准化的问卷调查，你还要寻找那些能展现你真正天赋的证据。别人通常要求你承担什么角色？你在哪些领域取得了成功，又在哪些方面屡屡碰壁？重要的是你要深入剖析这些经历，寻找那些能够转化为职业优势的深层次能力。同时，反思这些经历背后的发展逻辑。例如，如果你擅长举办精彩的派对，这并不一定意味着你应该成为派对策划人，但这可能表明你具备创造力、组织能力、推广和销售技巧、创业精神，或者能够激励他人按照你的意愿行动的能力（比如参加你的派对），而这些特质通常被我们称为领导力。总结来说，审视你的成功和失败，找出背后的技能，对这些技能进行自我评估：是哪些技能促成了你的成功，或者导致了你的失败？了解自己不擅长的领域，同样是自我认知的重要组成部分。如果你对某件事情充满热情，就要深入探究这种热情背后的原因。你具体享受它的哪些方面？很可能那就是你的天赋得以展现的地方。思考一下，你还能在哪些其他领域发挥这一天赋？

人生不如意事十之八九

世事难料，我们的天赋很少与我们早期的抱负相匹配。这不仅是童年时想成为顶尖职业运动员的幻想。即使在职业生涯早期，我们也倾向于根据有限的信息来构想自己理想中的形象，比如父母的职业或价值观、朋友擅长的领域，或是在大学毕业后偶然得到的工作所看重的技能。然而，我们的天赋可能在其他领域，这一点我们可能很难接受，甚至很难意识到。有时，人们在墙上撞得头破血流，却没发现门就在身旁。

我早期创立的先知品牌战略咨询公司中有一位年轻同事约翰尼·林。林在金融业历练数年后加入我们，天生对数字和定量分析有着敏锐的直觉，就像音乐家拿起乐器就能演奏出美妙的旋律。无论面对多么混乱的数据集，他总能给出清晰的答案，并附上逻辑严谨的电子表格。然而，唯一没意识到这份天赋的，却是林自己。他梦想着成为一名"战略家"，用幻灯片讲述引人入胜的故事。后来，他进入了零售业。凭借着数字方面的天赋，他不断晋升，在多家公司担任管理职位。最终，他接受了自己的天赋，并学会了如何利用它来拓展更广阔的职业道路，比如担任多家零售公司的首席营销官，甚至总裁。在这个过程中，他不断努力弥补自己的不足，也成了一名出色的沟通者。

这段经历给我们的启示是，追随你的天赋，但不要被它束缚。我们对林在数字天赋方面的看法与他本人的认知存在差异，其实是一种普遍现象。我们常常低估自己的天赋，却能更清晰地看到别人的才能，因为我们在某些领域太过得心应手。对于那些我们轻松掌握的技能，我们往往不会给予太多重视。相反，当我们看到别人完成对我们来说困难的任务时，我们会对他们的天赋感到惊叹。很可能，他们也正是如此看待我们的技能。

很多因素都可能阻碍我们认清自己的天赋。以贾森·斯塔弗斯为例，这位加教授传媒公司的主编曾是成功的律师，现在是杰出的作家和编辑。但他内心深处始终坚信自己应该成为一名程序员。为什么他没有选择那条路呢？尽管他从小就对编程充满热情并展现出天赋，但少年时期的他因为担心编程不够酷，所以放弃了。"承认这一点很尴尬，"他告诉我，"我13岁那年，尽管生活在硅谷，却没有勇气踏进计算机实验室，因为我太在意别人怎么看我了。"这个世界充满了干扰，屏蔽噪声，倾听内心的声音并非易事。

在打破你的所有梦想之前，我需要澄清一些细节：极少数人（不到1%）在某些"热情领域"（如体育、艺术等）很早就展现出非凡天赋，他们或许适合将这些领域作为职业追求。如果你有确凿的证据表明自己属于这类人，那就勇敢去追逐吧。但你务必设定严格的标准，尽早评估这是否真的是你的天赋所在，更重要的是世界是否对此给予认可。在大多数热情驱动的领域中谋生，你需要成为那顶尖的 0.1%。然而，在其他职业，也就是那些 5 岁孩子在被问及未来想成为什么时不会提及的职业中，你只需稳定地工作就能过上体面的生活。换句话说，那些不那么光鲜亮丽的职业更容易让你获得稳定的收入。所以，先确保经济稳定，然后在周末追求你的热情吧。

天赋产生热情

寻找自身天赋的美妙之处在于，它最终会引领你发现真正的热情。这并非儿时梦想的短暂激情，而是支撑你在漫长职业生涯中不断前行的深厚热情——正是这份热情，帮助你度过无数辛勤工作的岁月。这种热情源自你对某项技艺的精通，即在完成一项艰巨任务时所体验到的成就感和满足感。正如备受欢迎的《斯坦福大学人生设计课》的作者比尔·博内特和戴夫·伊万斯所言：热情并非美好生活设计的起点，而是其结果。

（天赋 + 专注）→ 精通 → 热情

精通的价值难以言表，更难将其传达给还没有足够时间来掌握精湛技艺的年轻人。我观察到，在 25 岁甚至 30 岁以下的人群中，能在某项复杂领域达到精通的人寥寥无几。即便是那些将年轻岁月完全投入某项运动的顶尖运动员，他们在签署首份职业合同时，也不过是"菜鸟"，并且通常他们的表现也确实如此。即使是成年的专业人士，也需要经过多年的磨炼才能真正精通自己的专业。正如马尔科姆·格拉德威尔推广的理念，达到精通需要大约 10 000 小时的刻意练习。

在追求天赋精通的道路上，我们可以借鉴优秀产品设计的理念。创新是循序渐进的，关键在于先做出点儿什么，然后不断改进。我创办的每家公司，其首个产品在两年后的样子都与最初的大相径庭。我对在电视上取得成功有着近乎痴迷的追求，并为此努力了多年。我们制作的第一个优兔视频惨不忍睹。但关键是，我们制作出来了。然后我们一遍又一遍地制作。多年来，我们进行了数百次小的改进：灯光、声音、统一的设计语言、内容的准备、剧本编写等。最终，节目的质量得到了足够的提升，以至于全球知名的数字媒体公司 Vice 在 2020 年为我提供了自己的节目。我们制作了第一集（也就是说，我们签下了第一份职业合同），我给妻子看，她看哭了（不是因为喜极而泣）。我们是新手，但我们不断进步。两年后，我受邀在彭博电视台主持自己的节目，但由于种种问题，节目未能播出。不过，在接下来的一年里，我在 CNN+ 主持了自己的节目，效果比之前好得多。虽然 CNN+ 后来关闭了，但 BBC（英国广播公司）又向我抛出了橄榄枝，邀请我在他们新的流媒体网络上主持节目。尽管这个节目本可以做得更好，但由于媒体市场的风云变幻，这个网络也没能成功推出。但这也没关系，我们不断改进，节目一场比一场好，因此我们现在定期收到各个电视网络的邀请，希望我们制作节目。

关键在于达到精通的境界。虽然我尚未完全征服电视行业，但我的强项是站在人群面前，分享我对商业和我所关心议题的见解。在那些时刻，我进入了心理学家米哈里·契克森米哈赖所描述的"心流"状态——一种深度专注、完全沉浸在活动中，以至于自我意识和时间感都暂时消失的状态。心流不仅能提升表现，还是我们学习效率最高的时刻。它本身就是一种愉悦的体验，会引发一系列令人愉悦的神经化学物质的释放，这些物质在我们体验过后，会激发我们对所精通事物的渴望，将我们再次吸引回那个领域。这就是成功职业生涯的秘诀：发掘你的天赋，培养天赋直至精通之境，你的热情将自然随之而来。"追随你的热情"与其说不对，不如说是本末倒置。

第七章

职业选择

———

在投资银行领域的短暂尝试失败后，我转向了创业之路，或者更准确地说，是创业选择了我，因为我缺乏在公司环境中获得成功所需的技能。我内心的不安让我难以胜任为他人工作，而且我在这方面也并不擅长。事实证明，不止我一个人这样。研究人员对一群传统员工和企业家进行了调查，发现企业家在"亲和性"（五大性格特质之一）上的得分显著低于传统员工。[8] 这一发现并不令人惊讶。还有证据表明，创业精神与风险偏好有关[9]，并且可能具有遗传性[10]。关键的启示是，认识自我可以也应当指导你的职业选择。

在你对自己和自己的天赋有了一定的了解后，如何将其与合适的职业相匹配呢？你可以从排除法开始，避开那些你不适合的职业路径，这一点可能比单纯寻找理想职业更为关键。我个人的职业生涯起步于投资银行，但我很快就意识到，那里的工作内容、同事以及客户群体都不符合我的期望和性格。

不过，也要注意不要因为错误的理由而排除某些选项。比尔·博内特鼓励人们与在不同职业道路上走得更远的前辈交流。他形容这如同"时间旅行"，因为你可以预见到一旦深入某个职业，它可能会是什么样子，而这往往与初入行时的体验大相径庭。如果你正处于职业生涯的早期，你应当基于自己最终可能达到的位置来做决策，而不是仅仅基于起点。正如博内特所言，"你希望 22 岁时的自己来决定你 40 岁时的方向吗？"[11] 你要倾听你未来的心声。许多职业在起步阶段都需要经历一些单调乏味的工作，事实上，几乎每个职业在掌握基础知识后，都可能包含一些令人感到无聊的元素。博内特指出，对某些任务感到无聊是可以理解的，因为随着你在职业道路上的晋升，你通常会转向不同类型的任务。你需要避免的是对这个职业的核心内容或实质感到厌烦。

关于职业的基础知识

你的工作、你的职业以及你所在的行业是不同的概念。例如，在迪士尼，财务副总裁的职责与动画总监截然不同。同样，迪士尼的财务副总裁与一家 20 人规模的初创公司的财务副总裁所面对的工作内容也大相径庭。检察官和专利律师都属于法律行业，但他们在法学院毕业后（甚至在法学院期间）的日常工作和体验可能天差地别。你的具体工作以及它依赖的天赋，是由行业、职能领域、雇主、地理位置以及其他多种因素共同决定的。

在评估各种职业选择时，潜在的上升空间至关重要。试想一下，如果一切进展顺利，这个职业能否为你带来理想的经济回报？如果答案是否定的，那么你需要重新审视并调整自己的期望，或者重新规划你的职业道路，以确保未来的发展与你的财务目标相契合。

不同行业的增长潜力和薪酬增幅存在显著差异。你应该寻找那些薪酬与公司利润或估值直接挂钩的职位。金融业便是一个典型例子，许多交易员、投资银行家和其他投资相关职位的薪酬，都可以随着业务的增长而水涨船高。销售，尤其是在成长型公司，在经济繁荣时期也能获得可观的收入增长。房地产行业通常也包括一部分业绩提成。软件行业因其扩展性而闻名，因为大部分工作都投入了首个产品开发，之后每卖出一份拷贝几乎都是纯利润。与之相对，依赖人工服务交付的产品则难以实现规模扩张，例如医疗或法律合伙企业，其服务能力往往受到医生或律师数量的限制。因此，即使身处具有扩展性的行业，你的薪酬也只有在与利润挂钩的情况下才能实现增长，无论是通过奖金计划还是股权激励。总之，你想要的是一份能让你分享公司成功果实的工作。

市场趋势的影响往往大于个人能力（我知道这听起来可能有些残酷）。例如，在过去 10 年中，即便是谷歌一个表现平平的员工，其职业发展也可能远远超过在通用汽车表现卓越的员工。尤其在职业生涯的早期，认真思考你所选择的行业的发展趋势至关重要。一个人在年轻时，能够在不同的道路中做出选择是一种难得的幸运。

寻找最佳的冲浪地点和最壮观的浪潮。25 年前，我选择了电商浪潮。我首次创业（名为"红色信封"的定制礼物电商平台）以失败告终，而且它是那种缓慢而痛苦的失败，持续了整整10年（我将在后文中介绍）。但幸运的是，我选对了浪潮。我重整旗鼓，创办了L2公司，帮助其他公司制定数字战略。虽然花了一些时间，但电商浪潮的力量和规模助我不断前进，甚至让他人误以为我天赋异禀。事实上，我只是恰好乘上了这股时代浪潮而已。

宏观经济周期塑造了各种机会，将优秀的冲浪者推向卓越。在我看来，经济低迷是创业的最佳时机。我创办了9家公司，我能从成功的公司中找到的唯一共同因素就是，它们都是我在经济衰退时期创办的。这种现象并非个案。微软是在20世纪70年代中期的经济衰退中成立的，苹果则是在经济衰退刚结束时成立的。在2008年全球金融危机之后，我们见证了爱彼迎、优步、Slack、WhatsApp和Block等公司的兴起，其中有多种原因。在经济低迷时期，好工作难找，因为没有人会轻易离职。所以优秀的人才和低成本资产相对容易获得。市场上缺乏成本低廉、容易获得的资本，所以企业从一开始就必须证明其概念的可行性。在经济低迷时期，创始人会在公司文化中注入更自律的基因——他们别无选择。与经济景气时期相比，客户和消费者也更容易接受改变，因为在繁荣时期，人们往往会按部就班，很少有动力去尝试新事物。

在宏观层面上，我们应考虑如何利用他人的投资来实现自身发展。极端的财富积累往往出现在那些能够借助政府投资或未充分利用的资产的公司身上。这些公司的杰出之处在于，在政府对科研和基础设施建设的巨大投资之上，进行了一层又一层的创新。或者，他们因受益于优惠的税收和监管政策而迅速发展，例如房地产行业。硅谷实际上是历史上最成功的政府投资案例之一。深入探究任何主要的科技产品或公司，你都会发现政府的资金。苹果、英特尔、特斯拉和高通等公司都曾受益于联邦贷款计划。没有美国联邦政府的资金支持，特斯拉可能早已不复存在。谷歌的核心算法也是在美国国家科学基金会的资助下开发的。经济学家玛丽安娜·马祖卡托在她的著作《创新型政府》中指出，美国政府机构为早期阶段的科技公司提供了约 1/4 的资金，而在制药行业（一个需要大量实验和接受失败的领域），75% 的新分子实体是由公共资助的实验室或政府机构发现的。[12] 既然你已经缴纳了税款，你就有权利用政府的这些投资来推动自己的事业发展。

正如前文提到的，仅凭热情选择职业往往是一个陷阱。一个行业表面上看起来越迷人，实际上作为职业可能越不具回报性。例如，搬到洛杉矶追求演员梦听起来很浪漫，但当你真正到了那里，你会发现有成千上万的竞争者（他们中许多是高中时最养眼、最具魅力的学生）同样在争取数量有限的角色机会。真正造成问题的不只是竞争，还有行业内普遍存在的剥削现象。

对许多人而言，尤其是在职业生涯初期，最明智的职业选择可能是在企业内部平稳晋升。美国公司至今仍然是历史上最主要的财富创造引擎。如果你有幸能进入高盛、微软、谷歌等知名企业工作，那么你应该抓住这个机会。虽然人们很容易对大型企业的稳定工作不屑一顾，但你无须在那里度过整个职业生涯。这些企业中有大量的知识可以学习，也有巨大的赚钱潜力。如上所述，美国公司是历史上最大的财富创造者。在企业中发展，你需要具备在组织中游刃有余的政治技巧，赢得高层的支持；当你面对企业世界固有的不公时，你需要保持成熟的心态和宽广的胸怀。如果你已经拥有这些技能，或者愿意投入努力去培养它们，那么你可以缓慢但可靠地积累财富。

在当今职场，能够清晰地表达自己的想法是一项越来越重要的技能，良好的沟通能力几乎可以成为任何职业发展的加速器。这种能力并非与生俱来，而是完全可以通过后天学习和培养的。如果我必须确保我的两个儿子在步入职场时掌握一种技能，那么这种技能不是计算机科学或外语，而是沟通能力。不是学习沟通的历史或语言学，而是学会利用各种类型的媒体有效地表达自己。为了培养这方面的技能，我最近为小儿子购买了一台影石Insta360相机，因为他热衷于视频制作；我也在与大儿子一起录制播客，我让他负责撰写和录制2~3分钟的节目片段，内容是我对他就某一话题进行的采访。

沟通虽然主要通过语言来完成，但视觉沟通的重要性不容小觑。设计作为一种技能，其价值正日益提升。爱彼迎和Snap[①]的首席执行官分别毕业于罗得岛设计学院和斯坦福大学设计学院，

---

① Snap，应用程序 Snapchat 的母公司。——编者注

这并非偶然。

最后，请记住，组织本身就是一种文化，这意味着环境往往会吸引并聚集具有某些性格特征的人。虽然不同律师事务所之间确实存在差异，但任何两家律师事务所的共同点要远远超过律师事务所与电影片场或急诊室的相似之处。你可能已经花了太多时间与让你感到厌烦的人共事，而与那些你爱的人或至少让你感到舒适的人相处的时间却太少。

思考一下，哪些类型的人能够激发出你的最佳状态？在经典求职指南《你的降落伞是什么颜色？》中，作者理查德·鲍利斯提出了一个名为"派对练习"的方法，帮助你通过想象自己参加一个派对，从 6 种不同类型的人群（现实型、研究型、艺术型、社交型、进取型和传统型）中识别出你将在哪种环境中更好地发展。这个练习很简单：想象你受邀请参加一个派对，在派对的 6 个不同的角落里有 6 组人，每一组都代表上述一个类别。你首先会选择加入哪个群体？你更愿意和哪些人相处，又会避开哪些人？与你共事的人有能力极大地影响你的工作环境。正如鲍利斯指出的，他们可能是"耗能者"，也可能是"赋能者"。

适合自己的职业

我不敢妄言每个职业成功的秘诀，因此你需要深入挖掘你所考虑的职业的关键成功因素，不要想当然地认为这些要素对外部人士来说是显而易见的。如果你希望对人们在不同领域成功所需的性格特质和其他因素有一个大致的了解，可以读一下保罗·蒂戈尔写的《就业宝典》。这本书利用 MBTI，对数百种职业选择进行了分类。即便你对 MBTI 不感兴趣，这本书也能为你提供有用的全方位视角，介绍各种你能想象到的赚钱方式。

我确实对某些领域有着更为深入的了解，以下是我对这些领域的一些思考。我会从我最熟悉的几个领域开始，如创业、学术和媒体领域。在创业领域，我取得了一定的成就；在学术领域，我逐渐稳步发展；媒体领域则是我职业生涯后期的一个意外收获。这些领域，加上我还将讨论的其他一些领域，构成了我所了解的职业范围。然而，它们并不代表你所能探索的全部职业机会。

创业领域：百折不挠

在摩根士丹利的工作经历教会了我许多，其中最重要的一课是，我并不想在摩根士丹利或任何大型机构工作，也不想为别人打工。我对上级心怀不满，不擅长接受批评，对微不足道的不公也会感到愤慨。我常常缺乏工作的动力，除非能直接看到回报。如上所述，我缺少在大型组织中取得成功所需的技能。幸运的是，这些特质恰恰是创业者所需的。然而，社会对创业的看法往往过于理想化，这忽视了创业者实际上需要具备的、可能与传统职场价值观相悖的特质。

在我遇见的成百上千位企业家中，我深信大多数人选择创立公司，并非因为他们拥有相应的能力或资源，而是因为他们别无选择。

当我告诉年轻人这一点时，他们可能会感到失望，但在组织或平台上工作往往风险更小，收益更高。组织之所以存在，是因为它能整合资源，创造出大于各部分总和的价值。成为其中一员，你也能够分享到它创造的额外价值。如果你具备在复杂环境中克服障碍、应对办公室政治的技能和耐心，以及在面对不可避免的不公时保持成熟的能力，那么你将在中长期内获得丰厚的回报。我当时在摩根士丹利的一位同事现在已是公司的副董事长。虽然我们在经济上达到了相似的水平，但我猜想他所承受的压力和波动要比我所承受的小得多。

被"神化"的创业精神确实能促进经济的发展，因为我们需要有人能够挑战传统，打破旧有的商业模式，推动未来的发展。然而，我们对创业的认知几乎完全是基于那些极少数取得巨大成功的案例的，忽略了大多数创业者所面临的挑战和失败。

创业不易，有20%的初创企业在第一年就失败了[13]，而从另一个角度来看，它们其实算是幸运的。在接下来的10年里，还有45%的公司将会退出市场，而能够坚持20年的新企业不足15%。媒体总是聚焦极少数的成功案例，尤其是消费者应用程序和我们熟悉或易于理解的产品和服务。那些罕见的、能让创始人和投资者获得丰厚回报的初创企业，实际上大多数属于不那么引人注目的领域（生存率最高的是公用事业和制造业公司）。这些领域的公司需要深厚的行业经验和专业知识，而非仅仅是一个好点子和一些抱负。两个孩子在车库里捣鼓电脑可以改变世界，这样的故事确实发生过几次，但作为获得财富自由的策略，最好还是平时在谷歌工作，周末在车库研究自己的发明创造。

更重要的是，无论成功与否，企业家都将面临全天候的工作和压力。你初期越成功，随之而来的压力也越大。假设你的产品理念大受欢迎，公司成功融资。"融资"意味着你有了聘请员工的资本。当你首次踏入新办公室，看到那些充满朝气、对你的愿景深信不疑的年轻人时，你会发现那种感觉真是棒极了。然而，午饭时间一到，现实的重压便席卷而来。你不仅要为自己的经济安全负责，还肩负着这些员工的未来。随着团队壮大、客户增加，你的责任和压力也与日俱增，你需要应对各种棘手的问题和情况：员工需要医保和工资，刚入职两天的新员工就因病休假，关键客户的赞助商被解雇了。更糟的是，你的一位核心员工出现了严重的精神问题，这让你彻夜难眠，犹豫是否该联系他的家人。雪上加霜的是，你的首席财务官告诉你，你的助理竟然用你的信用卡在纽约曼哈顿各地的药店刷了12万美元购买阿片类药物，必须马上召开董事会紧急电话会议。更不用说，你办公室的租约还有24个月到期，而你根本不知道能否付得起租金。

上文描述的种种挑战都有可能在一个月内连续出现在同一家公司里。没错，这就是创业的真实写照。然而，鉴于你还在读这本书，我得告诉你成功创办自己的企业所需的积极条件。

通常，成功的企业家都是沟通高手，他们能够激发团队的动力，说服投资者投资，吸引客户加入。企业家本质上就是销售人员。创业之初，我们向投资者、员工和客户兜售我们对未来的愿景，毕竟，在这个阶段，公司只有愿景。那么，如何判断自己是否具备销售能力呢？如果你有这方面的天赋，它可能在你很小的时候就显现出来了。无论是逃避不做作业的惩罚，还是说服你妈妈借给你车，或是勇敢地接近陌生异性并获得他们的联系方式，这些都是青少年时期的销售技能训练。

你必须具备被打趴了还能重新站起来的能力。企业家在通往成功的道路上会遇到无数次失败，他们必须承受接二连三的打击。就我个人而言，这种历练可以追溯到高中时期。我曾连续3年竞选班长，分别在十年级、十一年级和十二年级，却均以失败告终。即便如此，我并未气馁，转而竞选学生会主席。不出所料，我再次失败了。埃米·阿特金斯婉拒了我的毕业舞会邀请，我在棒球队和篮球队的选拔中也被刷了下来。紧接着，我遭遇了另一重打击：唯一在我经济能力范围内的学校，加州大学洛杉矶分校也拒绝了我。（我能负担得起是因为我可以住在家里。）

尽管遭遇种种挫折，但我始终保持热情。我向加州大学洛杉矶分校提出申诉，最终被录取。大学最后一年，我甚至成了学校联谊会联合会的主席。虽然这看起来微不足道，但在当时对我意义重大。我的大学平均学分绩点只有2.27，但这并没有妨碍我进入摩根士丹利的分析师项目（我申请了23家公司，只得到了这一份工作邀约），也没有阻止我进入加州大学伯克利分校的研究生院（我申请了9所学校，被其中7所拒绝）。

归根结底，我成功的秘诀在于……敢于面对拒绝。

当你经营小企业时，现金流管理至关重要。如果你不愿意或不能每天密切关注收入和支出（尤其是支出），企业就会失败。如果你的债务超过了你的收入机会，企业同样会面临破产的风险。如果你身处科技行业，并且正在行业的繁荣阶段，那么可能会有风险投资家愿意向你的企业投入大量资金。但你不要被蒙蔽，因为他们这么做并非出于好心。你的支出越多，你对资金的需求就越大，最终你的投资者可能会获得公司的控制权，你则将从一个企业家沦为打工人。因此，你要尽快让你的业务实现自给自足。产品很重要，市场契合度是成功的关键，企业文化和人才保留也必不可少……但现金流才是公司的命脉。

最后，创始人需要同时持有两种截然相反的世界观。一方面，他们必须坚信自己最终会成功，甚至对此抱有非理性的乐观态度。这不仅对锻炼销售技巧和培养直面失败的韧性至关重要，更是创业精神的核心。如果你的创业理念是完全理性的，那么像谷歌或通用电气这样的大公司可能已经在做了。这些市场领军企业之所以给你留下了机会，很可能是因为你的理念在他们看来并不合理。你需要有足够的乐观精神去超越这一点，看到更远的未来。另一方面，在日常管理中，你必须成为组织中最悲观的一个人，对所有可能的问题保持警惕。客户关系是否脆弱？关键员工是否会离职？你是否可能因为一个月的糟糕业绩而无法支付工资？这些问题的答案很可能都是肯定的。

创业的好处与养育子女的好处有着异曲同工之妙。你孕育了一个想法，对它倍加呵护，倾注你的爱，而在你的职业生涯中，很少还有事物能够产生如此巨大的压力，或者带来如此多的快乐。当一切顺利时，你会感受到一种真切的成就感，因为你启动了一项事业，并且它正良好地运转着。人们会认识到创业的艰辛，并给予你近乎爱的赞赏和尊重。此外，作为企业家，你的收入潜力是无限的。员工，哪怕是首席执行官，其薪酬往往都受到"看上去公平或合理"的支付范围限制。我在将自己创立的公司出售的那些年里，赚取了数千万美元的利润。如果我还在给别人打工，那么无论我的表现多么出色，都没有老板会支付我如此高的薪酬。

学术领域：潜心钻研

首先，我要声明一点。虽然我很荣幸能担任纽约大学斯特恩商学院的实践教授，但我的主要职责是教学，而不是做研究或者拓宽知识的边界。我的任务是将职业生涯中的经验转化为专业知识，帮助学生在职场中脱颖而出。因此，我进入学术界的道路并不直接，而是经历了长达20年的创业和专业服务历程。这份工作很棒，但它并非我职业生涯的重心，至少与我那些杰出的同事相比是这样的。顺便一提，学术研究本身就是一份很棒的职业。校园环境优美，工作时间灵活，而你的终极目标是成为某一领域的全球顶尖专家——无论这个领域多么小众。在追求这一目标的过程中，即使获得的知识没有直接的商业应用，它们也能为你带来巨大的智力满足感。学术领域的薪酬可能相当可观，但差异也很大。在学术界晋升的道路上，几乎所有学科在最初几年里提供的薪酬都低得令人难以置信，在少数学科，薪酬只能让人勉强糊口。然而，在那些私人部门竞争尤为激烈的学科（如应用科学、法律、医学和商业），教授的收入会相对较好，甚至可能相当高。事实上，学术领域真正的高收入往往来自副业。大学提供了一个极好的平台，让你有机会在其他地方赚钱，例如撰写图书、发表演讲、提供咨询服务、参与董事会等，就是在那些能够吸引私人部门资金的领域。学术领域，就像社会的其他领域一样，往往存在"富者愈富"的现象。

公共学科领域的学者，如果拥有出色的沟通技巧，尤其是能够通过各种媒体形式以引人入胜的方式传授知识的人，往往会更加成功。乔纳森·海特是我心目中的榜样，他对社会问题拥有独到的见解。但是，正是他撰写引人入胜的长篇论文的能力（他为《大西洋月刊》撰写了史上阅读量最高的文章）为他带来了丰厚的经济回报。亚当·奥尔特的作品不像99%的学术研究成果那样无人问津，而是成功跻身畅销书榜单。阿斯沃斯·达摩达兰和索尼娅·马西亚诺很有可能是世界上最杰出的（课堂）教师。耶鲁大学的杰弗里·索南费尔德教授则在有线电视新闻上有一个6分钟的固定栏目，这无人能及。

尽管如此，学术领域的大多数工作者在相对默默无闻的环境中辛勤耕耘。这有时反而是一种优势。如果你不擅长与那些可能不如你聪明的人打交道，只要你能不断拓宽知识的边界，那么没有人会对此在意。然而，你需要具备自驱力，因为学术研究并没有太多既定的框架，其本质是一段孤独的旅程。因此，你要成为一个"独行侠"，拥有真正的好奇心，有条不紊，具备严谨的思考能力，能够深入挖掘，并在一个极其专业的细分领域中不断钻研，这些对做学术研究来说都是非常重要的。在学生阶段表现突出是一个重要指标，但这并不是全部。当没有了作业和成绩的约束时，你能否继续保持专注？这才是你能否在学术领域有所成就的关键。我在纽约大学的同事萨布丽娜·豪厄尔将学术领域形容为适合那些非常聪明、具有创业精神但可能缺乏管理或销售才能的人的职业选择。

媒体领域：光鲜背后

媒体领域包含众多职业，但总体而言，这些职业往往竞争激烈，且难以谋生。虽然听起来可能有些老生常谈，但我还是要指出，媒体领域是一个充满不确定性且可能让人感觉被剥削的领域。无论是出版行业、电视行业还是新闻行业，它们都是那些追随内心热情的人可能选择的归宿，但这也是一个警示，提醒你为何不应仅凭热情选择职业。在这个看似光鲜的领域中，由于人才严重供过于求，市场已经饱和，你的努力所能获得的回报相对较低。如果你不愿意在周日的凌晨 3 点播报天气预报，没关系，总有人认为这是他们成为晚间新闻主播的必经之路。

媒体领域的大门前人满为患，无数人排着队，等待进入这个圈子。#MeToo 运动（美国反性骚扰运动）之所以将媒体领域作为主要战场，并非因为媒体领域的男性与其他地方的男性有所不同，而是因为媒体领域的权力结构严重失衡，使得少数掌握权力的人能够长时间逃避对其令人憎恶的行为的追责。高达 87% 的新闻专业学生对他们的专业选择感到后悔 [14]，相比之下，在计算机科学专业的学生中，这一比例为 72%。

专业领域：厚积薄发

专业领域的工作，例如医生、护士、律师、建筑师和工程师，通常需要从业者接受高级培训和实习，他们还要通过取得职业资格证书来证明其专业能力。这些职业通常适合那些在学校表现出色的人，因为它们大多数都需要从业者拥有良好的学术基础。正式的学习、思考和沟通，尤其是相关的书面技能，仍然是大部分专业工作的核心。例如，庭审律师必须在法庭上展现出说服力和雄辩的口才，但实际上，他们更多的时间是花在研读文件、案例法，准备书面辩护状，以及完成大量案头工作上的。医生，根据其专业领域，需要运用各种身体和情感技能，这些技能都建立在他们扎实的学习、记忆和结构化思维的基础之上。如果你梦想成为一名医生，是因为你具备出色的医患沟通技巧和帮助他人的热情（又是这个词），那么有一天你可能会成为一名优秀的医生。但如果你不能在图书馆里长时间地刻苦学习，不擅长研读那些晦涩难懂的医学教科书，那么这一天可能永远不会到来。

总体而言，这些职业是相当不错的选择，其原因在于专业人员因职业门槛高而相对稀缺。要想成为律师，你需要接受长达7年的高等教育；而要成为心胸移植外科医生，则需要你近20年的深入学习。可见，成为专业人员需要投入大量的时间和精力，这也注定了他们是稀缺的人才，能够为自己的专业服务收取高昂的费用。如果你有幸能够接受高等教育，那么选择投身专业领域无疑是一个稳妥的规划。此外，专业领域本身也是极好的锻炼平台，因为它要求很高，能够培养从业者多种不同的技能，包括客户管理、研究、销售等。许多在服务行业积累了丰富经验的人，他们当转到甲方时，往往能够蓬勃发展，因为他们已经经历了做乙方时的严格考验。

专业领域的职业有一个经济上的缺点：它们的收入通常受限于工资，上升空间有限。正如这本书第四部分所讨论的，美国的所得税制度对高收入者，即那些年收入达到 6 位数中段的人群，征收最重的税。如果你正处于这一收入水平，这本书中关于节俭、储蓄和长期投资的理念就显得尤为重要，它们能帮助你避免陷入这样的职业困境：长时间工作，却始终无法真正实现财富自由。

咨询领域：多重修炼

咨询顾问大多数是没有执业资质的专业人士。任何人都可以挂牌自称"顾问"，我在 26 岁时就开始了我的咨询生涯，当时我只有两年的相关工作经验，而在我职业生涯的大部分时间里，我都以某种形式担任顾问。咨询领域不仅有趣，还能为你提供极好的培训机会（可以说是研究生阶段的延伸），并且能够帮助你锻炼多种技能，包括分析能力、客户服务、创造性思维、演讲技巧等。

如果你还在探索自己的职业方向，咨询领域是个不错的选择，它可以让你接触各种业务，尝试不同的岗位，以积累经验。此外，咨询领域的薪酬可观，甚至可以说非常优厚，但从业者难以实现巨额的财富积累，因为他们面临着所有以出售个人时间为业务模式的职业的共同问题：难以规模化。此外，咨询领域往往更适合年轻人，因为它要求你适应他人（即客户）的优先事项和日程安排。哪怕在同一个城市，你也很难经常与你的家人团聚，这对身心健康都是一种考验。除非你真正热爱咨询领域，否则它只是通往其他职业道路的跳板。总的来说，咨询领域吸引了两类人：一是精英，他们才华横溢，但尚未明确职业目标；二是还没找到目标的人，他们希望通过从事咨询来探索不同的职业道路。换句话说，咨询是 20 多岁年轻人的职业方向。

金融领域：财富之巅

金融领域与专业领域紧密相连，它的某些子领域同样需要相关的专业认证。几乎没有其他领域能像金融领域一样，能为从业者提供如此多赚取高薪甚至天文数字般财富的机会。金钱的流动性远高于其他任何物质，因此，金融业务的扩展速度极快。回想我将第一家咨询公司从十人团队发展到百人规模的经历，那真是充满挑战。虽然在 21 世纪的头 10 年为激进型投资筹集资金，将资本从 1 000 万美元增加到 1 亿美元的过程并不容易，但这与将服务型企业的规模扩大 10 倍的难度相比，简直是小巫见大巫。回顾这个时代，我们会惊讶于为数不多的金融从业者竟然能以如此少的付出获得如此多的回报。

金融领域的工作要求很高，但它对毅力和才能的回报也是无与伦比的。你需要聪明、勤奋，并对数字有着深刻的理解。最关键的是，你必须对资本市场着迷。如果你对股票、利率、收益及其相互关系不感兴趣，那么你很难在金融领域取得成功。这本书的第四部分可以作为一个试金石，如果那是你最喜欢的部分，那么也许你已经找到了你的职业使命。

金融领域包含多个板块，如投资银行、交易、消费金融等。你需要承受市场的波动和压力。有时，银行可能会在一夜之间撤出某个地区或关闭某个部门。在金融领域，没有一成不变的职业路径，只有一系列工作和平台，你需要学会区分你能控制的因素和无法控制的因素。如果你天生具备承受压力和市场波动的能力，那么没有任何领域能比金融领域更具吸引力和回报性。

房地产领域：最佳"职业"

房地产投资是积累财富的绝佳途径之一。在美国，房地产可以说是最具税收优势的资产类别。很少有资产能让你融资80%，然后还能抵扣这部分杠杆或者债务的利息。更重要的是，通过1031交换条款，你可以无限期地进行房产交易，同时还能推迟缴纳资本利得税。

如果你购买了房产，那么你已经在某种程度上成了房地产投资者。房产净值将占据你财富的很大一部分，并最终成为你退休储备金的重要组成部分。拥有自己的房产需要用到财富公式的诸多要素，因为它本质上是一种强制储蓄（抵押贷款），也需要长远的眼光。鉴于美国目前住房严重短缺，如果你能持有房产10年或更长时间，那么你在住宅房地产上亏损的可能性微乎其微。

除了创办自己的公司，还有一种创业选择是打造自己的租赁物业投资组合。从长远来看，购买住宅、公寓或商业地产（如小商铺或自助仓库），可能成为一条利润丰厚的职业道路。我进入这个领域比较晚，由于自身财富和时机的优势，我跳过了从小规模起步并逐步扩大投资组合的漫长过程。我的职业生涯横跨多个领域，包括初创企业、科技、对冲基金和媒体。回顾自己的投资经历，我发现最成功的投资非房地产莫属。

2008 年金融危机后，佛罗里达州的房地产价值暴跌。为了给当时 3 岁、有语言障碍的孩子寻找合适的学校（他现在已经上了学校的荣誉名单），我们逃离了纽约的私立学校系统，搬到了迈阿密。2010 年，在德尔雷海滩，我看见到处都是"止赎"和"出售"的标志，于是我开始购买那些已经进入止赎程序的公寓。我的岳父母也搬到了这个地区，他们非常能干，而且善于维修。公寓需要维护，租户希望他们的房东能够及时修理空调，解决各种突发状况。尽管需要投入精力维护，这些投资的回报却相当可观。如果你对房地产感兴趣，那么你可以参加一些基础的金融课程，开始了解你所在的地区（或邻近地区）的房产情况，并存钱交首付，购买自己的第一套房产。如果我能重来，我会努力在年轻时多存钱，投资于可以维修和抵押贷款的租赁物业，这样我就能买更多的房产。

一个实现财富自由的有效策略是，购买一栋需要修缮的房子，花两年时间住在里面，同时进行精心规划的翻新改造，然后将其出售（在美国，已婚夫妇最多可享受 50 万美元的收益免税额度），然后再重复这个过程——购买、翻新、出售。通过这种方式，你可以扩大你的资金基础、技能组合和人脉网络，然后逐步发展到同时拥有多套房产。当然，这并非易事。你需要了解当地市场，严格自律地执行计划，而且能敏锐地洞察哪些改进能产生最大的投资回报。此外，你还需要用好维修师傅，如果你自己动手能力强，那就更好了。总而言之，房地产投资需要你亲力亲为。

飞行员：处变不惊

没想到我会提到这个职业，对吧？耐心听我说。我对航空非常着迷。对于任何飞过头顶的飞机，我都能认出它的制造商和型号。别人上网看鞋子、看旅游攻略，而我看的是喷气式飞机，一有空就会研究喷气式发动机推力和航空电子设备。在买了自己的喷气机后，我实际上成了迷你航空公司的老板（唯一的客户就是我自己）。因此，自然经常有人问我是否有兴趣学开飞机。

我是绝不会考虑学开飞机的。如上所述，我们不应追随热情，而应该追随自己的天赋。我对飞机的热爱与我可能拥有的飞行天赋之间存在巨大差距。飞行在一定程度上是一种身体技能——即便有现代技术辅助，飞行员仍需具备极强的空间感知能力、良好的视力和听力。但这并不是我不愿成为飞行员的主要原因。飞行员的工作需要他们在两种截然不同的情况下都不能犯错。首先，他们要对日常的路线规划和检查清单保持敏锐，还要对重复性工作有免疫力。这并不符合我的性格，我追求的是新鲜感，而非单纯的技能熟练度。其次，真正关键的是，在极少常规被危机打破的情况下，优秀的飞行员要能依旧保持冷静，并遵循既定的程序，否则他们将不幸遇难。空中可能发生各种意外。在撰写这本书期间，我读到一位南非飞行员在飞行中发现一条 5 英尺 ^① 长的好望角眼镜蛇爬上了他的衬衫。这位英雄成功地找到最近的机场，安排紧急着陆，并安全降落，确保乘客安全撤离，而此时有毒的"不速之客"还在驾驶舱内。[15]

在飞行员的世界里，更重要的是遵守规则、保持冷静，而不是盲目追求刺激和冒险。

基层经济：巨大潜力

最后我想探讨的是一类我虽无直接经验（除了作为消费者），却蕴藏巨大潜力、常常被忽视的领域，我称之为"基层经济"。它可能是劳动力市场中最被低估的部分，因为人们很少涉足。这意味着相对于所需的投资，它蕴藏着巨大的机遇。这个领域包括技工行业（电工、水管工和其他技术工种）以及其他该行业的小企业或地方性企业。

在美国，每年有超过 14 万人的年收入超过 150 万美元，他们中的大多数人并非科技创业公司的创始人，也不是律师或医生，而是地方企业的老板，例如汽车经销商、饮料分销商等。美国的小型企业（员工少于 500 人的企业）每年创造的净新增就业机

① 1 英尺 ≈30.48 厘米。——编者注

会占比为 2/3，对 GDP（国内生产总值）的贡献率达到了 44%[16]。这些小型企业涉及的领域远不止汽车销售和干洗服务。一项针对创新企业的研究发现，员工平均人数为 140 的小型企业，每名员工产生的专利数量是拥有数万名员工的公司的 15 倍。[17]随着全球供应链的脆弱性日益凸显，美国国内专业制造业的机遇也在不断增多。

在更小的范围内，对熟练技工的需求也极为旺盛，问问那些在火热的房地产市场中尝试安装太阳能电池板或翻新厨房的人就知道了。电工的就业市场增长预计比整体就业市场增长快 40%（绿色能源项目主要是电气化项目）。[18]预计到 2027 年，美国的水管工缺口将达到 50 万名。[19]然而，仅有 17% 的高中生和大学生表示有兴趣从事建筑行业。[20]

我们这些在需要顶尖学校认证的领域工作的人，有时会对这些职业嗤之以鼻。我们已经形成了一种观念，即如果我们的孩子最终没有进入麻省理工学院，然后进入谷歌工作，就是我们作为父母的失败，也是整个社会的失败。我们中有太多人对信息技术行业过分崇拜，以至于让整整一代年轻人误以为，一个人如果从事技工工作就意味着他的人生没有出路。

随着婴儿潮一代退休并有意出售他们的电气承包业务，如果你有资金，那么你在基层经济中的收购机会将不断增加。这才是真正的财富密码，是主流媒体不会报道的。美国小企业管理局是一个内阁级的联邦机构，它有一系列的项目，包括为创办和发展这些企业提供资金支持。当然，如果你真的想在中小城市发展，这会更有优势——美国一半的 GDP 是在 25 个最大的都市区以外的地方产生的。我的大部分例子和建议（包括后文关于去大城市的建议）都源于我在知识工作领域的亲身经历。但这本书的核心理念和致富之道适用于任何职业道路，基层经济是数百万美国人的经济引擎，不容小觑。

第八章
最佳实践

——

融入城市，投身职场

在你职业生涯的初期，你需要接受培训、寻找导师、迎接挑战。在线虚拟的存在无法替代身处一群聪明、富有创造力的人之中，共同创造。你拥有的社交机会越多，探索自己的兴趣、找到导师和潜在的伴侣、建立联系的机会就越多，这对你就越有利。就像打网球，与比你更强的对手对打能让你进步更快。居住在大城市会迫使你与最优秀的人才竞争和学习。我认为纽约是二三十岁职业人士的最佳去处。虽然不一定要去纽约，但你应该选择一个能够提供这些机遇和竞争环境的城市。在家工作的便利与和大家身处同一空间所带来的个人机会和职业机会相比显得微不足道。自第一栋两层楼的建筑出现以来，专家可能就一直在预测城市的消亡。但大城市是复杂性的温床[21]，更多的专利、研究和创新型公司在这里诞生。全球超过 80% 的

GDP 是在城市中产生的。[22]

此外，城市生活多姿多彩，充满有趣的事物和社交机会，你会遇到来自各种不同背景的人，他们对生活的不同看法可能会影响你的思考。在城市中，尝试新鲜事物，将自己置于不同的新环境中，这是认识自己的绝佳机会。虽然城市生活成本可能较高，但这并不是问题。你的职业生涯早期是为财富自由奠定基础的关键时期，这主要是因为你在探索适合自己的职业道路，积累成功所需的技能，并建立人脉关系。正如我将在下一个部分中讨论的，相比储蓄本身，培养储蓄的习惯更为重要。在你还没有太多负担的时候，享受生活是完全可以的。你可以租一个你能接受的最便宜的房子，不必添置太多家具，也别在家待着，多出去走走，多说"好的"，学会抓住机会。

你应该去办公室上班，最好能进入公司的总部。办公室是建立人脉、结识导师的宝地。导师是在你职业发展的过程中给予你情感支持的重要人物。在任何组织中，他们都起着举足轻重的作用。当考虑晋升时，与决策者关系良好的人更容易获得提拔。虽然远程工作也能建立联系，但这种联系通常不如面对面交流那样紧密。你与办公室的距离，即你在办公室的出勤情况直接影响着你的职业发展轨迹。2022 年的一项对高层管理人员的调查显示，超过 40% 的受访者认为远程工作的员工晋升的可能性更小，其他研究也证实了这一点。[23] 相反地，如果出现裁员，那些没有强有力的支持者或在公司中不够突出的人更容易被裁掉。毕竟，作为老板，解雇那些你只在视频会议中见过的员工要容易得多。

这样的现实是否公平合理？可能并不尽然。但你的职业生涯是在现实世界中展开的，而不是在一个理想化的世界里。总而言之，趁你还年轻，打扮得体，投身职场吧。

随着时间的推移，你的技能和人脉都会不断积累，城市环境甚至实体办公室对你职业发展的贡献也会逐渐减弱。而且，大多数人随着成家立业，拥有伴侣、孩子或者宠物，添置房产，在大城市的生活成本会越来越高，限制会越来越多。在职业生涯的某个阶段，这种权衡会发生转变。你可以选择搬到小城市、郊区，甚至农村，在理想的情况下是那些税率低、学校好的地方，这样你还能保持你在该职业阶段所需的专注度。

忘记目标

无论身处学校、初创企业还是大公司，每个人都渴望同样的东西：成功、认可、技能提升和财富自由。然而，世界并不会因此而特别眷顾任何人。拥有欲望是必要的，但仅凭欲望并不足以实现目标。

关于设定职业和生活目标的建议比比皆是。目标的设定是有益的，甚至在商业管理中，明确可衡量的目标是必不可少的工具。研究表明，仅仅写下目标这一简单行为，就能对结果产生深远影响。[24]但是，光有实现目标的强烈愿望，并不能保证你成功。

首先，进步不是线性的，而是充满波折的。人们常常祝贺我"一夜成名"，但事实并非如此。我所谓的"一夜成名"，其实是35年摸爬滚打、屡败屡战换来的。如果你的工作动力仅仅是对最终目标的渴望，那么在漫长的奋斗过程中，当你看不到明显进展时，你的内心可能会产生巨大的挫败感。目标越大，实现它所需的时间越长，你的热情和动力就越有可能在达到目标之前消磨殆尽。

在满足心中最深切的渴望之后，我们又将面临什么问题？你为了追求某个目标所做的斗争越艰难，为之付出的代价越大，当你最终获得那份奖励，却发现自己的生活并没有根本性的改变时，你的失望感就会越强烈。因为你仍然是你自己，有着自己的焦虑、恐惧和遗憾，只是现在情况更复杂了，因为你已经得到了你曾经朝思暮想的东西，那么，现在还有什么能激励你继续前行呢？

人们常说："生活是一段旅程，而不是一个目的地。"习惯养成专家詹姆斯·克利尔曾提出："如果你想得到更好的结果，那么忘记设定目标吧，专注于你的系统。"[25]你的职责是将你的欲望、抱负以及任何驱动你前进的力量（包括恐惧，它其实是一种极佳的驱动力）转化为技能、资质和人脉，并脚踏实地地努力工作。如果你在完成工作的过程中寻找成就感，对每一次进步和阶段性的成功感到自豪，那么你所追求的东西自然会随之而来。比尔·沃尔什，这位曾带领旧金山49人队3次夺得超级碗冠军并彻底改变了美国国家橄榄球联盟的教练，后来在他的管理哲学著作中表达了他的核心理念：成绩会水到渠成的。

坚毅：成功的原动力

天赋和欲望，再加上正确的职业选择，是一个良好的开端。

但将这些转化为财富自由的，是日复一日的努力。没有秘密，没有捷径，你唯有通过辛勤的劳动才能实现目标。坚毅是成功的萌芽阶段，是即使你的工作尚未得到认可、尚未看到成果，或者当你感到筋疲力尽或心烦意乱时，你依然能够每天坚持不懈地投入工作的能力。

坚毅领域的专家、神经科学家李惠安博士将坚毅定义为"热情与坚持的结合"。她的主要发现是，与社会普遍重视的智力因素相比，坚毅这一特质对个人成功的影响更为深远。她的坚毅度量方法已被证实能有效预测个体在不同环境中取得的成功。[26]

对我来说，努力往往代表着长时间的工作和近乎全身心的投入。在创建 L2 公司的过程中，我的日程通常是白天在办公室工作，回家后陪伴孩子们洗澡，然后再次返回办公室继续工作。即便在周日，我也会投入半天的时间来工作。如果客户打电话说想见面，我往往会在第二天就搭乘飞机前往。然而，并非每个人都有这样的特权（或者这样的意愿）去如此投入。付出 110% 的努力并不能保证成功，而 90% 的投入也并不意味着成功无望。你完全可以在不成为商业领域的"拼命三郎"的情况下，保持专注并取得成功。关键在于，你要思考如何让自己的贡献超越他人。棒球统计学家使用一个指标，即"WAR 值"（球员胜利贡献值），来比较明星球员和普通替补球员分别在场上时球队能赢得的比赛场数之间的差距。同样，在职场上，我们也应该寻找方法，提升自己对团队的贡献，成为不可或缺的明星成员。

培养坚毅的品格并不容易，人们通常认为这与遗传基因和一个人早年的成长环境有关。然而，最新的观点认为，坚毅精神源自一种成长型心态，正如史蒂芬·科特勒所言："天赋仅仅是起点，而持续地练习才是改变的关键。"[27] 反思你自己的学习和成长历程，想想那些最初让你感到挫败和困难的事情是如何通过努力变得容易的（"通过努力"是这里的关键词）。

要么改变，要么接受

我们所有的行动都受制于不可控的力量。在这个世界上，有很多事情值得我们投入时间和精力去影响和改变。因此，不要在那些无法取胜的斗争上浪费宝贵的资源。

在《斯坦福大学人生设计课》一书中，比尔·博内特和戴夫·伊万斯将"重力问题"定义为我们无法改变的障碍或阻力。他们写道："如果一件事情无法通过行动改变，那么它不是待解决的问题，而是既定的现实。"当身处困境时，我们很容易误解关于坚持、毅力和专注的建议，认为这意味着永不放弃，甚至误以为屡败屡战才是正确之举。但重要的是，我们需要跳出困境，审视全局。你是在试图推倒一堵可以攻破的墙吗？还是在与不可抗拒的重力做斗争？

金融市场上有句老话："别跟美联储对着干。"意思是，如果美联储想让经济朝着某个方向发展，只有傻瓜才会与之作对。宏观经济因素就像地心引力一样，除非你是美联储主席，否则你很难改变它们。这种"重力问题"也存在于我们的日常生活中。比如，单相思就属于"重力问题"，除非你是诗人，能用诗歌来表达和升华这种情感，否则只会徒增痛苦。既然对方对你没感觉，不如就此放手。再比如，如果你的老板总是把好机会留给那些和他常来往的人，而你因为有 3 个孩子，对高尔夫球不感兴趣，无法融入他们的圈子，那这也是你无法改变的"重力问题"。我之所以离开咨询行业，是因为这个行业太看重人脉关系，而我意识到自己可能不再具备与客户打成一片所需的自制力和个性了。

应对"重力问题"有两步。首先是确认你的问题属于此类。其次是调整应对方式，把"重力问题"变成一个可以解决的问题。重力的存在并不意味着我们不能爬山或者飞翔。解决这些挑战的方法是必须顺应重力，而不是与其对抗。如果你总是追求对你没兴趣的恋人、工作或爱好，那么很可能是你的热情和天赋不匹配。思考一下你能提供什么，并且考虑是否能够提升这些能力，以及哪些人群真正需要你所能提供的。这样，你就能找到一条与你的天赋和热情相匹配的道路。

及时止损

坚持不懈固然可贵，但若将一件事变成一条不归路，则得不偿失。在人生或事业的丛林中披荆斩棘时，我们要经常拿出指南针，确保自己没有偏离正确的方向。这时，你的"厨房内阁"就显得尤为重要。不要遇到困难就轻易放弃，因为困难本就是成功路上的常客。只有当数据、你信任的导师，或者多个外部信号明确告诉你，把时间和精力投入其他地方会更有价值时，你才真正应该考虑放弃。做出这样的选择，并不丢人。

1997 年，我创办了一家名为红色信封的电商公司。公司起初发展迅猛，但好景不长，10 年后我们不得不忍痛将它关停。失去大部分净资产固然令我心痛，但更让我感到煎熬的是，这个失败的过程竟然如此漫长，持续了整整 10 年。

在红色信封公司成立两年后，它的前景当时还是一片光明，我似乎看到了财富和荣耀在向我招手。于是，我创办了名为"品牌农场"的电商孵化公司，并获得了高盛、JP 摩根等知名机构的投资。这个公司的想法很简单：建立基础设施、法务部门、技术部门、商务拓展部门和办公空间，来快速孵化电商公司。我仅凭一份 PPT（演示文稿）就成功融资 1 500 万美元。然而，6 个月后，互联网泡沫破裂，我们遭受重创。我们意识到，在当时的经济环境下，这个模式已经行不通了。于是，我们果断关闭了母公司，要求旗下公司将运营成本削减一半，以求在"寒冬"中生存下来，等待春天的到来。这次经历虽然痛苦，但也算是一种幸运。成功固然是最好的结果，但快速失败也能让我们及时止损，吸取教训。

在任何一场博弈中，放弃都是一种选择。在科技圈，我们美其名曰"转型"，让放弃听起来更容易接受。优秀的赌徒往往也是懂得放弃的大师——肯尼·罗杰斯的经典歌曲就提醒我们，要"知道何时坚持，何时退出"。[28] 扑克冠军安妮·杜克甚至写了一整本书来探讨放弃的艺术。[29] 她有力地论证了在商业和生活中，懂得何时放弃是成功的关键之一。她的建议之一是，提前做好退出计划，这样在情绪波动时，你就能有一个可靠的信号来指导决策。懂得何时放弃至关重要，这是一门艺术。所有成功人士都有过放弃的经历，有些人甚至经常这样做。你应该找到你信任的人，他们有勇气和远见，能在关键时刻告诉你，是该坚持还是该放手。

职业生涯是山脉，而非阶梯

如今的职业发展路径不再是过去那种稳步攀升的阶梯，而是峰谷交错的旅程。如果你过于刻板地期待自己的职业路径能直线上升，那么你很可能错过那些横向发展的，更为灵活的机会。你与其把职业生涯看成一架梯子，不如把它看成一座山脉。在穿越山脉的过程中，你会遇到不同的挑战和环境，需要掌握不同的技能，从而不断向前迈进。

专注并不意味着你的职业发展路径一定是直线形的。多元化的经历同样具有价值。一项研究发现，预测一位新任首席执行官成功与否的最佳指标，是他们在上任前担任过多少种不同的职位。[30]

相较于创业，那些能带来成功和财富积累的职业生涯往往需要你有策略地跳槽，以提升你的责任和薪酬。一个残酷的现实是，外部公司往往比你的现任雇主更看重你的价值——我们都喜欢新鲜的事物，老板也不例外。管理者容易犯一个错误，就是用员工刚入职时的表现和能力来评判他们，而不是像看待那些经验丰富、能力已得到认可的高管那样，看到员工的成长和潜力。

即使你不跳槽，定期了解市场行情也能带来好处。我在纽约大学斯特恩商学院的第一年，年薪只有 1.2 万美元。后来，对学校来说，我的价值迅速提升（我教的课成了最受欢迎的课程，还经常参加校外活动），但我的薪水没有相应增加。大学给实践教授和兼职教授的薪酬很低，是为了补贴那些（通常）没什么产出的终身教授。所以每隔几年，我就会拿着一份其他大学的聘书去找学校，坦诚地说："这是我的市场价值，我想留下来，希望学校给我的报酬能匹配这个薪酬。"学校每次都同意了。后来，我在其他领域取得了成功，纽约大学的薪水对我来说吸引力就没那么大了（参考前文的"边际效用递减"）。现在，我把薪水都捐回斯特恩商学院，因为我总是批评高等教育的弊端，一边拿钱一边骂人感觉不太好。不过，那些年的加薪对我来说确实意义重大。总之，如果你想让薪水涨幅超过通货膨胀率，那么你要么跳槽，要么至少表现出你准备跳槽的意愿（参考前文的"来自其他大学的聘书"）。

保持在领英等职场社交平台上的活跃度，及时更新个人资料，并与同行进行对标；多和朋友、老同学、前同事聊聊他们的工作。不要觉得谈钱或升职是件俗气的事，这种观念只会让你的老板占便宜。如果你所在的行业有猎头，不妨偶尔接听他们的电话，让他们请你吃个饭，顺便了解一下市场行情。哪些公司在招人？他们想要什么样的人？现在哪些技能和特质最吃香？哪些人还在苦苦挣扎？最重要的是，你的身价是多少，在哪里能实现个人价值最大化？

你需要注意的是，在探索其他机会时，保持健康的怀疑态度，时刻提醒自己喜欢现任雇主的哪些方面。毕竟，每份工作都有不如意的地方，每个老板都有让人抓狂的时候，那些看似光鲜亮丽、充满无限可能的机会，半年后可能也变得平平无奇了。

　　终极大招是，利用所有这些信息，真正换一份工作。截至2023年3月，此前一年换过工作的美国人的薪酬平均涨幅为7.7%，而没换工作的人只有5.7%（见图8-1）。[31] 虽然这个差距会随时间变化，但跳槽的人的工资涨幅几乎总是比留下来的人高。此外，新环境也能拓展你的经验，让你在不断变化的经济环境中更具灵活性和适应能力。

图 8-1　时薪中位数变化百分比

数据来源：亚特兰大联邦储备银行

　　虽然人们对跳槽的看法正在转变，但总体而言，员工为同一个雇主工作的平均工作年限仅略有下降。1983年，25岁及以上员工为同一个雇主工作的平均工作年限为5.9年[32]，到2022年，这一数字降至4.9年，近40年间仅下降了17%[33]。换工作的趋势在年轻员工中增长最快。21%的千禧一代表示他们在过去一年中换过工作，是非千禧一代的3倍多。领英的数据显示，Z世代的换工作频率比2019年高出134%，[34] 而千禧一代和婴儿潮一代的换工作频率分别高出 24% 和下降了 4%。Z 世代的跳槽意愿依然强烈：25% 的人表示他们希望或计划在未来 6 个月内离开当前雇主，而千禧一代和 X 世代的这一比例分别为 23% 和 18%。

然而，换工作是一把双刃剑，你需要谨慎对待。这往往意味着你要放弃之前为熟悉一家公司所付出的努力，还要在新公司重新建立声誉和人脉。这么做的风险不容小觑，因为再多的面试也无法保证你能适应新环境。此外，频繁跳槽还会影响你的简历，给未来的雇主留下不好的印象。如果你 7 年内换了 3 份工作，面试官就很可能会认为你是个问题员工。我并不建议你为了简历好看就忍受一份糟糕的工作。但如果你上一份工作没做满两年，现在的工作也不喜欢，那么在跳槽前，你得好好想想，怎样才能在下一个职位上至少坚持 3 年时间。

那些习惯频繁跳槽的年轻人应该意识到，不是所有人都喜欢这样。为了了解过去（以及现在的一些人）对频繁跳槽者的看法，1974 年，一位伯克利心理学家创造了"流浪汉综合征"这个词，来形容那些"周期性地渴望从一份工作换到另一份工作"的人，他认为这种冲动"与导致鸟类迁徙的冲动并无不同"。[35] 显然，"流浪汉综合征"不是你想让潜在雇主在你的简历上看到的标签。

那么，什么时候该跳槽呢？当你权衡了频繁跳槽给个人名声带来的影响，并且确定下一步能让你在职业生涯中有更大的发展时，就可以行动了。也就是说，跳槽需要有战略意义，不仅仅是换个环境，而且是实质上的提升。你能否在简历上增加一个有价值的品牌？是否有机会有效拓展人脉？最重要的是，新职位或新公司能否让你提升技能？这可以是技术性的工作技能，比如学习新软件或分析工具，也可以是更"软"的技能，比如团队管理、接触高层管理人员、获得更好的导师指导，或者更直接地与客户打交道。如果你说不清楚新工作的好处，那就要问问自己，这是否只是为了跳槽而跳槽，以及你是否会在一年后再次寻找新工作。

忠于人，而非公司

忠诚是一种美德，而且是相互的。雇主聘用你，说明他们相信你的潜力。导师指导你，也是同样的道理。他们在为你下注，你也应该用忠诚回报他们。这对双方都有利——研究表明，导师计划不仅能促进门生的职业发展，也能让导师受益。[36] 在一家大型科技公司，参与导师计划的双方晋升的可能性至少是其他员工的 5 倍。

在职场中，主动请教是建立关系的有效方式之一。这代表着信任，所以有时人们会犹豫。但信任能换来更多信任，也能让关系更紧密。在你请教导师后，他们会更希望你成功。但组织不同。组织无法给你建议，没有个人观点，也不会对你忠诚。你的上司可能很欣赏你，但当他的上司犯错导致部门业绩下滑，裁员的镰刀会毫不留情地砍向你们所有人。忠诚是人类的美德，也是狗的天性，但它并不适用于组织。

过去，公司和员工的关系更紧密。如果你和同事都在 IBM

（国际商业机器公司）工作了40年，忠于IBM就等于忠于一起工作的伙伴。但现在不一样了。一系列股东利益至上的管理策略，加上创新驱动的行业变革，让我们和公司渐行渐远。这也让员工之间的互相扶持变得更加重要。

迈克·布隆伯格曾说过："我一直有个原则，朋友升职，我不会特意打电话祝贺，见面时开个玩笑就好。但如果他们被解雇了，我会当晚就约他们出去吃饭，而且要在人多的地方，让大家都能看到我。因为当我自己被所罗门兄弟公司解雇时，每一个给我打电话的人我都记得清清楚楚。他们的支持对我意义重大。至于当我成为合伙人时，谁祝贺过我？我完全不记得了。"[37] 我的朋友托德·本森说得更简洁："在重要的时刻出现，不要错过任何有意义的场合。葬礼一定要参加，婚礼也一样。"

持续专一，果断取舍

在职业生涯的探索过程中，专注于目标和挑战能让你走得更远。我认为，"副业"往往是种干扰，它会分散你在主业上取得成功所需的专注力。如果一件事值得做，你就把它当成你的主业，全力以赴。如果你有副业，那么这可能意味着你的主业还没有达到理想状态。试想一下，如果你把10%~20%的精力和专注力投入主业，那么这是否会比副业带来更多回报？专注的重点不在于做什么，而在于不做什么。

当然，也有例外。比如，自由职业者同时服务多个客户，他们拥有多样化的客户群和收入来源是合理的。作为一名自由职业者，你一个人就是一家公司，而任何依赖单一客户或产品线的公司都是危险的。同样危险的是，盲目追逐每一个机会，把有限的资源分散到缺乏协同效应的不同服务上。

我在创办的每家公司的早期，都曾受到"为了钱什么都干"的诱惑，有时我为了发工资，不得不接一些与战略无关的项目。但这就像吃垃圾食品，虽然能填饱肚子，却没有营养。"为了钱什么都干"的项目所需的管理开销和精力与核心业务不相上下，有时甚至更多，却会消耗公司在核心业务上的技能提升和发展势头。所以，你需要仔细权衡，并与你的"厨房内阁"好好讨论。

还有一种例外情况。如果你不顾我的警告，执意要创业，那么在创业初期，为了生计，你保留一份有薪水和福利的工作可能是个不错的选择。同样，你可能需要一份朝九晚五的工作来为资产积累型事业提供资金，比如建立一个租赁物业的投资组合。如果这是你的策略，那么你不要把其中任何一项工作看成副业，而是要把它们当作两个互补的业务线来评估和投入时间。你需要制订一个明确的计划，规划如何从领薪水的工作过渡到资产积累型事业。

不是所有人都适合读研

对知识型工作者来说，读研是职业发展道路上一个诱人的岔路。有些职业确实需要研究生学位，读研也能让你更专注于某个领域。毕竟，你总不希望在医学院实习两年后才发现自己讨厌学医。无论你对需要深造的职业有多么坚定，在投入数年时间之前，你都最好先深入了解一下研究生生活到底是怎么回事。

回想我在加州大学伯克利分校哈斯商学院读 MBA 时，每年的学费才 2 000 美元，这几乎是个稳赚不赔的买卖。然而，随着学费飙升，现在要证明读商学院的投资合理性，难度增加了许多。这并不是说商学院没有价值（我就在商学院教书，我坚信它的使命），但它并不适合所有人，也不是所有人都需要。商学院的文凭无疑很有价值，但顶级公司的工作机会同样如此。而且，随着你的职业发展，商学院文凭的回报会迅速递减，没有人会因为你毕业于沃顿商学院就聘你当首席执行官，而你花掉的 20 万美元学费本可以在你的投资组合里赚取复利。正如我将在下一部分讨论的，机会成本常常被严重低估。

除了文凭，对大多数人来说，商学院最宝贵的是人脉。特别是对那些背景普通、没机会接触银行家和高管的人来说，商学院能在很大程度上弥补这一差距。至于你能学到的知识……非常有限，但大多数高等教育都是如此。为了拓展人脉和打造个人品牌，我建议你只考虑排名前十的商学院（注：其实"前十"里大概有 15 所）。雇主也这么看，但他们用钱投票：美国顶尖商学院的 MBA 毕业生，其收入是排名垫底的 MBA 项目毕业生的 3 倍。[38]

小步快跑，迅速取胜

"小步快跑，迅速取胜"是管理咨询行业与新客户建立信任的有效策略。当一群充满活力的 MBA 毕业生带着新点子走进一家公司时，他们在项目初期通常会十分乐观且充满激情。但几个月后，这些"天之骄子"可能只忙于开会、做 PPT 和开高额账单。因此，我们会寻找一些容易实现的目标，在小范围内实施部分建议。无论是试点项目，还是简单的客户调查，任何能快速见效的行动都是我们追求的目标。这样做的好处很多：通过实际进展向客户证明他们的投资物有所值，让实施更宏大的建议变得不那么可怕，以及让我们更深入地了解客户组织的实际运作方式。

"小步快跑"不仅在各领域中都是一项强大的技能，在个人发展中更是帮助我们改善习惯、积聚动力并着手处理更大任务的关键。个人理财专家戴夫·拉姆齐打破传统经济学观念，提倡为深陷债务的个人迅速带来胜利感。他建议客户将所有债务按金额由小到大排序，无视利率或还款条件，然后按此顺序还清债务。尽管这种做法可能从财务角度来看并非最优（最优解应为优先偿还利率最高的债务），但拉姆齐强调了"行为改变高于数学计算"的重要性。例如，你可能会选择尽快偿还表弟借你的 100 美元（哪怕实际上你可以多年不还），因为这代表了一个小小的胜利。正如拉姆齐所说："你需要快速的胜利来激发自己的动力。"[39]

精简兴趣，为爱好投资

无论是阅读言情小说还是攀登高峰，这些休闲活动不仅能让我们的身心保持活力，还能带来持久的快乐。如果你遵循这本书的建议，就有望拥有足够的时间和金钱，全身心地投入这些爱好。爱好最终将成为你生活的全部。虽然学习新技能总是有益的，但谁也不想在 70 岁时醒来，发现自己银行账户余额充足，却无事可做。70 岁的你当然可以学习冲浪，但如果你在 25 岁时就掌握了这项技能，那么这个过程会更加轻松愉快。

现在，你需要专注于职业发展，因为时间宝贵。你如何决定哪些爱好值得保留，哪些该放弃？

你可以按照重要性对爱好进行排序，不要让它们出现并列的情况。爱好是指除了基本生活所需之外，不会或不太可能会带来可观收入的活动。你在排序时应该考虑以下因素：

- 这个爱好可否与爱的人共享，增进感情？坦诚地说，如果你的伴侣每个星期天陪你去打高尔夫球只是因为爱你，但他实际上并不喜欢打高尔夫球，那么这不算一项彼此分享的活动。如果答案是肯定的，这就属于这个爱好的一大优势，它应该在列表中排在前面。

- 这个爱好是一项运动吗？每个人的清单上都应该至少有一项运动爱好。我的爱好是进行 CrossFit 健身训练。我喜欢这项运动，但谈不上热爱。不过，在找到更喜欢的运动之前，它仍是我的首选。

- 这个爱好的时间成本与价值的比是多少？驾驶实验性飞机固然令人兴奋，但在时间和资金有限的情况下，对大多数人而言，考虑到时间成本与价值的比，"在海滩上散步"的价值可能更高。

- 你年纪大了还能坚持这个爱好吗？不同的爱好有不同的答案。对于技能型爱好，尤其是需要体力的运动，现在坚持是有意义的。如果你打算退休后常打高尔夫球，那么现在保持一定水平是值得的。如果你计划退休后去夏威夷冲浪，现在就该抽空练习。这些技能不适合 65 岁才从零开始。然而，烹饪可以在任何年龄开始，坐头等舱畅游欧洲也不需要练习。你在退休后做这些事和年轻时一样容易，甚至更容易。

- 你在这个爱好上有天赋吗？它能带来心流体验、让你感到快乐吗？这些问题的答案也许相同，但它们都是这个爱好的宝贵特征。如果你热爱钢琴音乐，梦想在退休后用精湛的琴艺惊艳众人，但你手指短小，练琴对你来说是种折磨，那么或许你该把时间花在其他地方。很少有人能长期享受自己不擅长的事。与其追随热情，不如追随天赋。

- 对于这个爱好，你是"参与"还是"旁观"？根据我的经验，亲身实践的人比只看不做的人更容易成功。

一旦明确了哪些爱好能为你带来最大的价值，你就可以按列表顺序，评估每项活动每天、每周、每月、每年会占用你多少时间。将这些时间累加起来，排在前三、前四的爱好很可能就是你现实中能兼顾得好的上限了。"尝试新事物"完全可以作为一项爱好，而且这份清单也无须一成不变。只是你要意识到，尝试新事物也需要投入时间。你不必为放弃过去投入时间的事物感到内疚。沉没成本已然沉没，如果这些年来的付出是值得的，你就很可能已经从中获得了可迁移到其他活动上的技能和经验。竞技体育就是一个典型例子——我在大学时赛艇学到的坚持和努力工作的精神让我受益终身，虽然我已经坦然接受自己不会再接触赛艇的事实。

对于那些最终保留下来的爱好，不要亏待自己。这并不意味着你必须全力以赴，如果烹饪排在首位，是因为它能让你一边听播客一边放松，你就不要强迫自己每月上课、每晚做 5 道菜。我的意思是不要对自己太过苛刻，无论是在时间还是金钱上。如果歌剧是你的爱好，你就去看你能找到的最好的歌剧，不必为费用或时间感到心疼。这就是精简的好处，你可以尽情享受那些入选的爱好，因为你是经过深思熟虑才专注投入的。

财富指南

- 有意识地引导你的注意力、时间和精力。长期专注于最有成效的机会，方能实现财富自由。

- 接受努力工作的必要性。几乎所有通往财富的道路都需要你在工作上投入时间和精力，并在生活的其他方面做出牺牲。心怀怨念只会破坏你当前的专注力和长期的满足感。

- 不要追随你的热情，要追随你的天赋。

- 花时间确定自己的天赋。我们的天赋并不总是显而易见的，甚至对我们自己也是如此。它们往往不是我们最初认为或希望的那样。把自己置身新的环境，听听别人如何评价你的特殊优势。感受那些让你感到好奇和兴奋的事物。

- 专注精进，热情自现。持久的热情源于努力耕耘，而非一时兴起。

- 持续迭代。尝试新事物，抓住机会，不要指望马上就能取得巨大的成功。大多数"一夜成名"的故事都是多年努力工作的结果。失败是成功的原料，前提是你能从失败中吸取教训。

- 投身浪潮奔涌之处。市场机遇比个人能力更重要，选择机会最多的地方，才能获得最大的成功。

- 培养沟通能力。无论身处哪个行业，良好的沟通能力都是加分项，甚至常常是成功的关键。阅读你喜爱的小说，观看优质电影，学习如何生动形象地表达观点，并从优秀的演讲者身上汲取经验。

财富方程式   118

■ 兼顾技能与文化，择己所爱。选择一份与自身技能匹配的工作固然重要，但工作环境与个人性格的契合度同样关键。与能够激发你最佳状态的人共事，才能事半功倍。

■ 跳出思维定式，放眼广阔天地。如果你在学校表现出色，那么你很可能考入一流大学，继续攻读研究生，然后进入管理、技术、金融、医学、法律等知识型行业。这些职业固然前景光明，但很多律师事务所合伙人和高级副总裁并不幸福。你不妨拓宽视野，环顾四周，从建筑学到动物学，机会无处不在。不要忽视基层经济的潜力，追随你的天赋所在。

■ 融入城市，投身职场。二三十岁的年纪，正是学习工作之道、挑战自我、拓展人脉和认知世界的黄金时期。这意味着你要与他人多接触、多交流，越多人越好。

■ 及时止损。坚持不懈固然可贵，但若将一件事变成一条不归路，则得不偿失。在任何一场博弈中，放弃都是一种选择。

■ 忠于人，而非公司。公司是缺乏道德和记忆的暂时性组织，它们不会对你忠诚。

■ 精简爱好。工作之余的兴趣爱好不仅能带来快乐，对短期幸福感和长期满足感也至关重要。但它们也会分散你的注意力，所以你要认真思考你真正追求的是什么，果断放弃那些不再适合自己的消遣。

第三部分

———————

时间

$$财富 = 专注 + (自律 \times 时间 \times 分散投资)$$

20世纪美国诗人德尔莫尔·施瓦茨曾写道:"时间如烈焰,将我们燃烧。"[1]这话虽然有些悲观,但也道出了一个残酷的事实:时间无情,吞噬一切。逝去的已成回忆,无法改变;未来的虚无缥缈,难以捉摸。我们唯一能把握的,能活在其中的,只有当下。沉溺于过去,或是虚度光阴,不思进取,妄想未来会自行好转,只会让你悔恨那些错失的良机。

你比宇宙更灵动,更具才华。宇宙无法像你一样流畅地交流,也无法体察细微的差别。你就像短跑健将尤塞恩·博尔特一样速度惊人。然而,宇宙终将战胜一切,因为它掌握着终极武器——时间。宇宙的步伐缓慢如漂浮的冰川,但它深知自己终将胜出,因为它以数十亿年为单位变化着。

时间是每个人最宝贵的资源,对年轻人更是如此。年轻人拥有大把时间,却鲜有人意识到它的珍贵,更不懂得如何利用它。毕竟,只活了25年的人很难想象50年后世界会变成什么样。然而，能否深刻理解时间的价值，保持耐心，制定稳健的长期策略，或许正是区分一个人是"有才华谋生"还是"有能力积累财富"的关键所在。

时间是最不应该挥霍的财富。钱没了可以再赚，但时间一去不复返。我并不是说不能放松，适当的休息不仅可取，更是必需的。但放松要有度，别让时间不知不觉地溜走。

在财富积累的道路上，时间虽然是我们的长期盟友，但它在短期内也可能成为我们的对手。这里面包含3个方面的内容，它们将为本部分的讨论奠定基础。首先，时间具有强大的复利效应。很多人都熟悉金融领域的"复利"概念，这是理财规划的核心原则。得益于时间的力量，即使微小的财富增长也能逐渐累积成可观的收益。

然而，复利的力量远不止于投资回报。投资费用也会产生复利效应，如果管理不善，它们足以蚕食你的收益。通货膨胀同样如此，它是你财富积累之路上最顽固的敌人，无情地侵蚀着你的财富根基。

这种复利效应不仅存在于金融领域。从习惯的养成到人际关系的建立，我们的行为在各个方面都会产生复利效应，它们逐渐积累，最终产生巨大的影响。

其次，是我们对当下时间的体验。专注和自律是充分利用当下时间的有效途径。创造财富需要我们清楚地了解如何分配时间和金钱（两者本质上是同一问题的两个方面），还需要我们具备明智决策的能力，无论决策大小。

最后，是关于时间权衡的终极问题。创造财富的有趣之处在于，它在很大程度上意味着牺牲眼前的愉悦，让"另一个人"——未来的自己更加幸福。我们努力工作赚钱，是为了让不久后的自己能衣食无忧；我们储蓄投资，是为了让未来的自己拥有经济保障和美好生活。想象未来的自己，以及你掌握时间后可能的收获，你就能欣然接受用当下的愉悦换取未来的幸福。

第九章

时间的力量：复利

——

时间能让微小的事物逐渐变大、变强，正如橡子会长成橡树，河流会分割峡谷。在经济和生活中，时间的力量体现在复利效应中。

复利的奇迹

被誉为时间领域绝对权威的爱因斯坦曾说，复利是"世界第八大奇迹"。确实如此，但复利本质上只是简单的数学问题。

假设你有 100 美元的投资，其年利率为 8%。第一年，你赚了 8 美元，本金加利息总共 108 美元。第二年，你赚的就不止 8 美元了，而是初始投资的 100 美元的 8%，加上去年赚的 8 美元的 8%，也就是 8 美元 64 美分。这 64 美分就是你的"小橡子"，它将在未来长成"参天大树"。现在你的本金加利息共 116.64 美元，没有复利时则只有 116 美元。第三年，你不仅能从最初的 100 美元中赚取 8%，还能从第一年赚的 8 美元和第二年赚的 8

美元 64 美分中赚取 8%。这些"利滚利"让你的本金加利息增加到 125.97 美元，而在没有复利的情况下，这个金额只有 124 美元。你的"小橡子"正在发芽。10 年后，复利让你的 100 美元变成了将近 216 美元，而如果只是每年赚取本金的 8%，只有 180 美元。30 年后，复利让你的 100 美元变成了将近 1 006 美元，是没有复利情况下的近 7 倍。此时，你的"小橡子"已经长成了一棵"参天大树"（见图 9-1）。

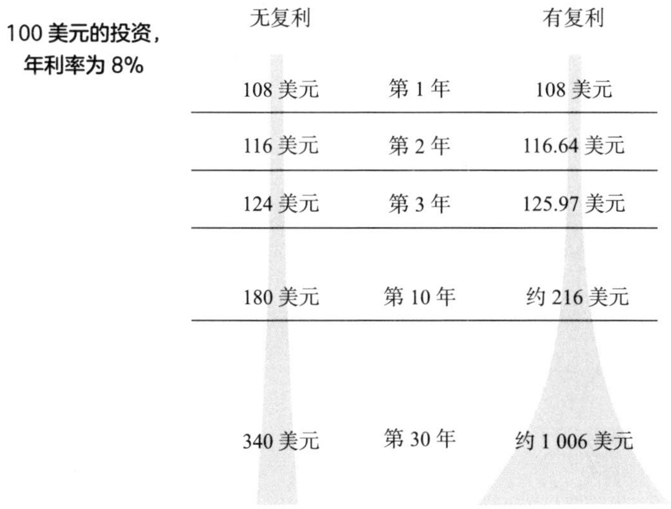

100 美元的投资，年利率为 8%

	无复利		有复利
	108 美元	第 1 年	108 美元
	116 美元	第 2 年	116.64 美元
	124 美元	第 3 年	125.97 美元
	180 美元	第 10 年	约 216 美元
	340 美元	第 30 年	约 1 006 美元

图 9-1　投资复利图

复利并不是银行提供的一项额外服务，而是利息计算中固有的数学原理。你可以用以下公式计算复利的影响：

未来价值

=现值×（1＋利率）$^{(期数)}$

在实际情况中，计算复利可能会更复杂，比如你可能有很多笔投资，或者利率本身在不断变化，但其基本原理与这个公式一致。

举个实际的例子：如果你每年投资 12 000 美元，年利率为 8%，坚持 10 年然后停止投资，仅依靠复利，你的财富将如何增长？如图 9-2 所示，如果你在 25~35 岁开始进行这样的投资，到 65 岁时，你将拥有约 250 万美元。如果你从 45 岁才开始，到 65 岁时，你将只有约 50 万美元。当你晚年真正需要这笔钱的时候，复利的成果会使你震惊。巴菲特在 52 岁之后积累了他 99% 的财富，这也充分说明了复利的力量和尽早投资的重要性。

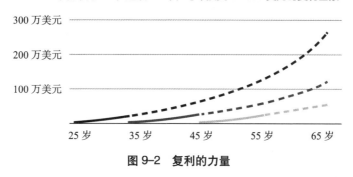

年利率为 8%，连续 10 年，每年投资 12 000 美元的复利回报

图 9-2　复利的力量

投资就像种植橡树。最好的开始时间是 10 年前，其次就是现在。

隐蔽的敌人：通货膨胀

复利有个邪恶的"双胞胎兄弟"——通货膨胀。当你享受着投资复利带来的收益时，通货膨胀则在一步步蚕食你的财富。通货膨胀就像一只看不见的老鼠，不断啃噬着你的积蓄；它又像涨潮时的海水，一点点淹没你财富的实际价值。通货膨胀虽然无法避免，但我们并非束手无策，只要跑赢它就行。

通货膨胀的计算方式和利息的一样，只不过方向相反。如果年通货膨胀率是 3%，那么今天花 100 美元能买到的东西，明年就得花 103 美元。从长远来看，同样的东西在 10 年后就要 134 美元。如果再过 30 年（对攒养老钱的人来说，这可不是遥遥无期的事），这样东西的价格就变成了 243 美元。也就是说，如果你打算在 30 年后退休，那么在 3% 的年通货膨胀率下，你需要比现在多挣 2.5 倍的钱，才能在退休后维持同样的购买力和生活方式。

通货膨胀看上去是个糟糕的系统，它像是一种隐形的税，让所有商品都变得更贵，使实现财富自由变得更难，而且它似乎没有任何好处。但通货膨胀是一种原始的经济力量，忽视它的人会付出代价。

美联储等中央银行对通货膨胀率有一定调控能力，它们的目标是将其控制在每年 2% 左右，但效果总是不尽如人意。衡量通货膨胀的指标有许多种，媒体报道中最常见的是 CPI，即消费价格指数，这个指数综合了各种消费品的价格。在 21 世纪初，通货膨胀率普遍较低，但在 2022 年，美国的通货膨胀率飙升至

8%，其他国家的甚至更高。在过去的一个世纪里，美国的平均通货膨胀率约为3%，这是个具有参考价值的基准数值。

不同商品和服务的通货膨胀率各不相同。近几十年来，美国教育和医疗保健费用的涨幅惊人，远超平均通货膨胀率。自1980年起，美国大学学费平均每年上涨约8%。相比之下，科技产品却在不断降价。计算机的性能越来越好，价格却越来越低，其性价比大幅提升。此外，有些商品的价格波动剧烈，比如汽油的价格在过去20年里一直在2~4美元 / 加仑①之间来回波动。

通货膨胀几乎无法避免，这意味着我们得把目标定得比预期高一些。我们在做长远规划时要记住，未来的物价会更高。现在看来，每年10万美元的收入也许能过上不错的生活。但30年后，10万美元的购买力可能只相当于今天的4.12万美元。如果你现在就开始给刚出生的孩子攒大学学费，就算学费每年只涨3%，那么20万美元的学费到孩子上大学时至少也得36万美元了，这还是在假设学费每年只上涨3%的情况下，实际的通货膨胀率可能更高。

实际回报：利息 vs 通货膨胀

我在前面提过，要战胜通货膨胀，唯一的办法就是跑赢它。如果预期的通货膨胀率是3%，那么你的存款至少也得有3%的利息，才能保证你的购买力不变。但你想要的肯定不只是财富能

---

① 美制1加仑等于3.785升。——编者注

够保值，而是让"钱更值钱"，这就需要你获得"实际回报"，即你的投资回报超过通货膨胀的那部分。粗略计算实际回报率的方法很简单，你只需要用投资回报率减去通货膨胀率。假设通货膨胀率为3%，投资回报率为5%，那么实际回报率大约就是2%。

我们将考虑了通货膨胀影响的财务指标，无论它是回报率还是具体金额，都称为"实际"值，而将未考虑通货膨胀影响的称为"名义"值。举个例子，如果10年前某件商品的价格是100美元，此后的年通货膨胀率为3%，那么10年前它的"名义"价格是100美元，但"实际"价格是134美元。也就是说，我们今天要花134美元才能买到10年前花100美元能买到的东西。有时，你还会看到"不变美元"这个术语，意思是某个年份币值固定、购买力相等的美元，比如"2023年的美元"。

在财务规划中，忽视通货膨胀是一个常见但严重的错误。同样，我将在下一部分讨论的缴税问题也必须被纳入你的财务规划。手握大把现金确实让人安心，你不仅随时能支取它，账面好看，还能应对临时急需用钱的情况。然而，人类对损失的厌恶有时会让我们因噎废食。除非有临时需求，长期持有大量现金并不是明智之举，因为你的财富每天都在因为通货膨胀而贬值。你持有的现金每年可能会损失3%，而且这是以复利计算的损失。因此，要想跑赢通货膨胀，你还得靠投资。

第十章

把握当下

———

如果你想让 64 美分变成几百美元，或者把 12 000 美元变成 250 万美元，就需要从现在开始行动。每天的生活都是由一件件小事组成的，我们往往意识不到它们蕴藏的巨大潜力。扫除认知盲点，把握当下，对长期积累财富至关重要。如果你能改变你对时间的认知，就能改变你的人生。

认知误区

尽管时间如此重要，但我们对它的理解常常出错。我们的大脑充满了各种认知偏差和误判。一项研究甚至将我们的大脑描述为"幻觉菜单"。[2] 举个简单的例子：你计划休假 9 天，但在休假前最后一刻接到通知，你其中有一天要工作，这是不是很扫兴？现在换个场景：你计划了一个 3 天的假期，同样被告知要工作一天，你的感觉是不是不一样？

我们对时间的感知，就像对距离的感知一样容易扭曲，我们常常觉得时间过得比实际更快。即将发生的坏事，似乎也比未来更远的同类事件更让人难受。当被问及两个事件的时间间隔时，例如两个相隔一周的事件，人们会说它们"接连发生""时间上接近"还是"相隔甚久"？结果是，人们往往觉得即将到来的两件事比未来同样的两件事相隔得更久。[3] 就像我们总认为当下的钱比未来的钱更有价值一样，我们更看重眼前的事，而不是未来的事。当然，这种对时间的误判并非完全不合理，毕竟预测很久以后的事确实比预测眼前的事更难。但这种认知误区仍然会影响我们对时间的准确判断。

时间的流逝对我们耍了花招儿，在投资方面尤其如此。例如，我们更容易记住那些成功的投资，而忘记了失败的经历。这种积极的错觉影响着我们对未来的评估，使我们变得过于自信。[4] 其中唯一的例外是，当我们能把过去的失败归于他人时，我们会清楚地记得这些失败，这进一步扭曲了我们对自己能力的判断。我稍后将在对消费的讨论中提到，勤于记录可以帮助我们走出这种认知误区。

同样，我们倾向于记住那些"高光"时刻，并将它们作为对未来期望的基准。这就是生活方式逐渐提升的基础，即我们会不断提高物质享受的标准。正如你一旦住过四季酒店，就很难再对凯悦酒店感到满意。如果我们以 20 美元买入一只股票，它随后涨到 100 美元，然后回落到 90 美元，那么我们可能会觉得自己是亏了 10 美元，但实际上我们赚了 70 美元。

这些问题都只涉及单一时间线。在财务规划时，我们需要同时考虑多种可能的时间线，但我们常常做不到。这就是所谓的机会成本，即放弃其他选择可能产生的潜在损失。权衡读研成本的年轻人经常犯这个错误，这里的成本不仅仅是学费，还包括他们上学期间无法赚到的钱，以及这些钱本应产生的复利，这些潜在的损失可能更大。

时间是相对的，但你的生命不是。对大多数人来说，收入和支出都有可预测的规律。从出生到十几岁或者二十出头，我们几乎完全是消费者。在我们20多岁时，收入开始增长，除非我们去读研深造，在理想的情况下，我们的收入会超过支出。但随着我们赚钱能力的提高，我们的责任也越来越重，收入和支出都会继续上升。如果我们有了孩子，等他们长大成人，能自食其力后，我们的支出通常就会下降。如果我们努力工作、聪明行事，再加上点儿运气，我们的收入就会持续增长，直到我们的兴趣、精力、能力和激情都开始消退。此时，我们的收入可能会伴随着退休派对上的欢呼与祝福慢慢减少。最后，当我们走到生命的尽头时，为了延长寿命，我们在医疗等方面的支出往往会上升。可见在人生的旅途中，你的优先事项和理财策略也会随着你的发展不断演变。

时间才是真正的货币

世界上最富有的人和最贫穷的人，每天都拥有同样的24小时。对每个人来说，时间的流逝都是公平的，它无法倒流，也无法被借贷。因此，尽管我们用金钱来衡量财富和机会是实际的，但真正重要的货币其实是时间。

在我小的时候，我的爸爸经常因工作出差。在我的父母分开之前，我和妈妈有时会送他去奥兰治县机场登机。爸爸会带我经过一段楼梯，走到机场旁边街上的一个环绕式阳台上，那里有个酒吧，没有安检。发动机的轰鸣声预示着飞机即将起飞，爸爸此时会捂住我的耳朵，我们看着飞行员松开刹车，飞机在跑道上滑行 5 700 英尺，从搁浅的海豹变身为翱翔的雄鹰。爸爸还会教我区分波音 727 和麦道 DC-9 这两种客机，前者有 3 台发动机，后者则只有两台。他还会教我区分洛克希德 L-1011 和麦道 DC-10客机，前者的第三个发动机位于机身，后者的则位于尾翼。太平洋西南航空公司的飞机机头都画着笑脸，透过阳台的窗户对着我们咧嘴笑。那是我们父子俩共同度过的宝贵时光。

这段经历也让我对飞机产生了终生的热爱。有些人喜欢熬夜看体育比赛或浏览时尚网站，我则会花上好几个小时研究各种飞机。大约 6 年前，我实现了始于那个机场的阳台酒吧的梦想，我购买了一架属于自己的飞机，一架庞巴迪挑战者 300。从购买飞机，聘请全职飞行员，到找管理公司来处理机库、碳补偿等一切相关事务，无疑是一笔不小的开销，它也耗费了我不少时间和精力。从纯理性的角度来看，这笔投资很难说划算。

但我是这样说服自己的：当时，我和家人住在迈阿密，我每周都要去纽约教书，还要飞往全美各地演讲、开会。我算了一下，如果有了自己的飞机，根据我的行程安排，我每年就可以多出13 天在家陪伴家人。这是因为私人飞机有两大优势，一是你可以按自己的时间表飞行，二是从你下车到飞机只需要两分钟，不用买票也不用安检。这样的话，10 年下来，我就能多出 130 天与家人在一起，也就意味着我有 4 个多月的时间专门陪伴我的儿子。他们一天天地长大，总有一天会离开家，因此我希望能珍惜与他们共处的时光。这台私人飞机每年的税后开支约为 120 万美元。我自问：在生命的尽头，我是想让银行账户里多出 1 200 万美元，还是多出 4 个月与儿子们相处的回忆？这笔开支对我来说虽然非常大，但是我做过最轻松的财务决定之一。

算算时间的账

是什么在偷走你的时间？你在哪些方面是花时间省钱？以买菜为例，现在很多地方都有送菜服务。它们相互竞争，且模式各不相同。如果你每周花 3 小时买菜，开车去超市购物，再带回来，那么一年就要花 150 小时，相当于整整两周的白天都搭进去了。这两周用来放松或工作难道不是更值得吗？答案是肯定的。尤其当你觉得买菜太麻烦，家里的食材消耗得太快，你每周还要点好几次外卖时，花 25 美元买菜送上门，能帮你省下 100 美元的外卖钱并节省时间。这笔账很容易算。当然也有例外，如果买菜、打扫卫生、做饭或者洗车能让你释放压力，那就去做吧。

这不是在鼓励大家偷懒，或者把所有的钱都花在服务上。如果你花钱请人打扫房子、买菜，只是为了多看几集电视剧，那只是在为娱乐多花钱。重点是，你需要把时间腾出来做真正有意义的事，而不仅仅是做当下想做的事。在我们年轻时，与学习和社交相比，工作更重要。

社交媒体可能是史上最大的"财富杀手"之一。它剥夺了年轻人最宝贵的时间——本该用于工作和真实的人际交往的时间，他们本可以从中获得复利。看看你手机里的屏幕使用时间报告吧。你在社交媒体上花了多少时间？除了成千上万的程序员、产品经理和行为心理学家精心设计的、让人欲罢不能的短暂快感，你得到了什么回报？别忘了，这些人可不是来帮你的。你的职业是网红吗？如果是，那么这些时间或许算工作投资。但研究表明，在27种不同的休闲活动中，社交媒体在提升幸福感方面垫底。[5] 你可以试试在每次用完社交媒体应用程序后退出登录，这样再打开它时，你就能更清醒地决定是否要继续刷了。

当然，批评大家过度使用电子设备很容易，但在工作中浪费时间的情况也十分普遍。你应该学会利用技术手段提高工作效率，例如过滤邮件，自动安排日程，使用云服务和行业专用工具等，有无数的效率工具等着你下载。接下来，我将讨论消费和储蓄，但讨论的核心其实是你应该如何利用时间。

如果公司为你配了一位助理，你应该好好培养这段关系。刚开始，指挥别人做事可能比亲力亲为更费时，但这也是一种投资。如果说我有什么特长，那就是善于借他人之力成就自我，并愿意投入时间和金钱来吸引和留住那些能帮助我拓展技能，弥补自身不足的人才、供应商和关系。这是"懒人"的优势，我就是个"懒人"。我从小就在想：有没有人能把这件事做得跟我一样好，甚至更好？如果有，而且成本低于我利用省下来的时间能赚到的钱，那我就会果断地把这件事外包出去。刚工作时，我会请保洁、点外卖。而现在，我几乎把所有能外包的服务都外包了，包括家居装饰、技术支持、家政服务、园艺、税务规划、文字编辑、服装搭配、夜生活安排、度假策划、活动组织、遛狗、私人健身教练、司机、杂货采购、营养搭配，甚至连准备礼物我都交给专业人士打理。没错，大多数事情我都不擅长。我把所有节省下来的时间和金钱都投入两件事：努力在我挣钱的领域达到世界顶尖；做更多让我快乐的事情，比如周末遛狗，花更多时间陪孩子等。

技术诚然能为我们提供便利，但时间管理是一门超越技术的艺术。善于理财，其实就是善于管理时间。有些人喜欢系统化的管理方式，比如戴维·艾伦的《搞定》一书就备受推崇。我个人不太喜欢这种方式，但它确实很受欢迎。我的时间管理秘诀在于"无情"地确定优先级。这些年来，我的收件箱从来没有被清空过，我也从来没有为未完成的任务而焦虑。时间如此宝贵，我只能有所取舍。我的工作性质要求我在短时间内全神贯注，迸发出创意火花，比如电视节目、播客录制、公开演讲和书籍创作。如果你邀请我在活动上演讲，那么在前一晚的晚宴上我可能会显得有些心不在焉……因为我确实如此。我可能在思考如何用故事来丰富图表，如何把握视频的节奏，以及在何处放慢语速以达到戏剧化的效果。当然，这一切都是有代价的：我可能会忘记酒店的名字，我需要助理的提醒才能记得吃早餐。

年轻的优势

我经常写美国老年人财富积累过多，而年轻人积累财富面临挑战的问题。但有一种财富，老年人日益匮乏，年轻人却大量拥有：时间。讽刺的是，很多人只有在挥霍了时间后才懂得珍惜。如果你还年轻，那么你拥有大量的时间财富，就像富人利用金钱一样，年轻人也可以利用时间。然而，大多数人并没有这样做。

如果你还年轻且时间充裕，你完全可以尽情享受自己努力赚来的钱。大多数的个人理财建议是"省钱省到肉疼"，这与经济学家的建议相悖。他们认为，在职业生涯早期，大多数人的收入并不高，因此推迟储蓄才是最优选择。

在这方面，我 90% 同意经济学家的观点。尽情享受当下吧，因为年轻时的活力、激情和冒险精神不会永远持续。随着你的年龄增长，养宠物、结婚、生子、还房贷，都会让你失去一些 20 多岁时的自由。但人类行为毕竟不是经济学家算出来的，它不会像模型中的数字那样说变就变。因此，我建议你从现在开始学习存钱，趁年轻养成习惯，让储蓄的习惯为你带来丰厚的复利回报。

在接下来的几节中，我将探讨预算和储蓄，这是积累财富的关键。但如果你正处于职业生涯的前 10 年，那么这些内容更像是在帮你养成习惯，而不是立竿见影的致富秘诀。储蓄固然重要，但更重要的是，你能通过储蓄养成良好的理财习惯和自律的品格。当你进入高收入阶段时，这些前期的积累将为你打下坚实基础，助你在财富游戏中大显身手。如果你在 20 多岁时没攒下多少钱，这很正常，但现在是时候迎头赶上了。正如林登·约翰逊所说："是时候动真格的了。"

量化管理，事半功倍

你经常会听到有钱人说："我从来不担心钱的问题。"别信。我认识的每个有钱人都很在意钱。他们不一定痴迷于挣钱（虽然有些人确实如此）但都像咕噜对待魔戒一样，细致追踪、精心管理、倍加呵护。他们说自己不考虑钱的问题，其实是在变相炫耀："我太有本事了，钱自己就会来，根本不用我操心。"如果我们承认自己总想着钱，就像承认自己满脑子都是"那点儿事儿"，令人难以启齿。但谁都明白，钱和"那点儿事儿"，人人都惦记着它们，只不过先后顺序可能不同罢了。

在成年后，我基本清楚知道自己有多少钱。而那些没记账的日子，最终总是以惊吓收场。如果你不记录自己的收入和支出，到头来只会发现钱莫名其妙就少了。

我在年轻时，数钱很容易：因为那时根本没钱。但当时我清楚地知道自己欠兄弟会多少钱，信用卡账单是多少。现在，我每周都会和我的经纪人沟通。像这样关注自己的财务状况，需要把握好度，既要理性，又不能过于痴迷。也就是说，我们要时刻关注自己的收入、支出和投资，但不要让情绪影响判断。关键是我们要把理财当作一种智力游戏，让自己有掌控感，而不是徒增焦虑。

我创办了一家名为 L2 的公司，就是基于这个原则来进行数字化业务管理的。在 L2 公司，我们帮助企业评估其在数字领域的业绩表现。在合作初期，我们会与客户一起明确目标和实现目标的路径，然后设定指标来衡量进展，其中很有讲究。

"量化管理，事半功倍。"（这句话常被认为是彼得·德鲁克说的，但可能他从来没说过。[6]）这句话既是警示，又是指导。指标就像闪闪发光的宝石，能带来积极的反馈，但前提是我们选对了指标。如果我们关注了错误的数据，就会误入歧途；如果我们关注了无法掌控的数据，就只会徒增烦恼。最好的指标既能产生影响（数据与目标相关），又能受到影响（行动能改变数据）。

不是所有重要的事情都能被量化，最佳的衡量标准也并不总是显而易见的。例如，你的股票可能下跌，但这应与整体市场行情比较才行。只关注单一指标最终会降低其参考价值。只关注钱，而不关注自己的健康、对孩子的陪伴、伴侣的快乐，它只会让你成为一个有钱却没有幸福感的人。你最终要衡量的是整体生活质量，这意味着我们需要综合考虑各种指标，才能获得（期望中的）幸福感。

当谈理财时，我总强调储蓄和预算的重要性。我喜欢这两个词所蕴含的简朴和自律，仿佛在为一场硬仗做准备，这让我感到自豪。但也可能这只是我的个人爱好。如果你不喜欢这种"苦行僧"式的表述，不妨用更积极的词来代替"储蓄"，比如"积累"或"投资"。你的目标不是这个月省下 1 000 美元，而是积累 1 000 美元的财富。如果"预算"听起来过于苛刻，那么你可以试试"分配"。同时，我们要警惕那些暗示软弱或失控的被动词语——无论做什么，都要积极掌控。

在财富积累的初期，也就是当一个人二三十岁时，记账比存钱更重要。因为支出直接决定了你能存下多少钱（可以产生影响），而且支出是你实际可控的行为（可以受到影响）。记账虽然枯燥，却是培养良好理财习惯的关键动作之一。顺便说一句，如果你想创业，那么你对资金流向的敏锐洞察是成功的关键因素。不妨从个人开销开始练习吧。在生活和商业中，如果你不留意，钱就会悄悄溜走。资本主义的天才之处就在于，它不断发明出让人觉得是"生活必需"而非"一时兴起"的新玩意儿，进而让我们的钱包空空如也。

如今，几乎所有的支出都电子化了，追踪消费似乎比以前更容易了，但所有信息都在手机里，这种便利其实是个陷阱。在我小的时候，妈妈会用支票支付账单，然后认认真真地记下每一笔支出，记下现金花在哪里了，最后还要"对账"。虽然麻烦，但这样做的好处是你可以随时掌握支出情况。如果只是在手机应用程序里搜集一堆从不查看的数字，那不是在记账，而是在自欺欺人。

《尘雾家园》里的男主角本·金斯利，每天都会一丝不苟地记账，连买一块士力架都要记下来。我人生早期的小目标：多向本·金斯利学习记账。这可不是说你不能花钱享受，而是你要心里有数，钱花在哪里了。就像时间管理一样，只要你提前规划好，知道自己把钱和时间都分配在哪儿了，那么偶尔放纵一下也无妨。

如果你不想每周日晚上坐在厨房餐桌前整理纸质账单，就想办法给自己的消费加点儿"阻力"，让自己清楚每一笔钱的去向。在线预算工具是个不错的选择，但如果你能用手机应用程序随手记账，那么效果会更好。或者，你可以每周更新一次预算。养成记账习惯可能不容易，找个监督伙伴会很有帮助。配偶是最佳人选，当然父母、兄弟姐妹或者密友也能帮你坚持下去。这就像找个健身搭档一样。如果你有创业头脑，就把个人财务当成一家初创公司来管理：制订计划，定期汇报，甚至给自己做个"个人损益表"。

关键是看自己实际花了多少钱，而不是自以为花了多少或者计划花多少。人们总是低估未来的开销，而且不光是遥远的未来。研究发现，人们下周的预计支出往往比实际少 100 美元[7]，而且下下周、下下个月大家还会犯同样的错误（见图 10-1）。我在纽约大学的同事亚当·阿尔特发现，大家之所以总是低估开销，是因为其没有把"意外"花销考虑进去[8]，其实这些开销一点儿也不意外，几乎每个月都会发生。所以说，数据比意图更重要。

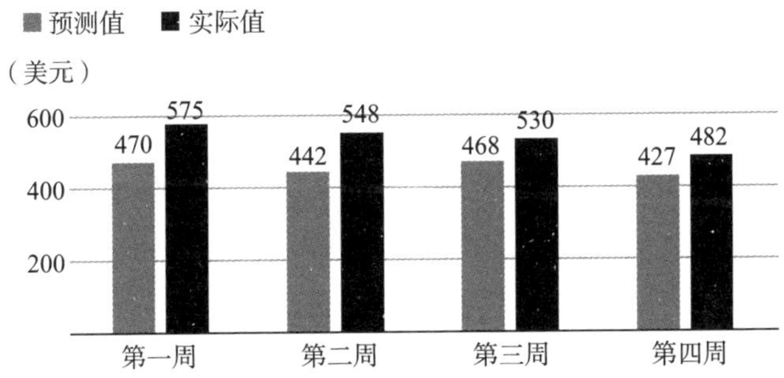

图 10-1　预计支出与实际支出

数据来源：Ray Howard 等人，美国市场营销协会，Sage 期刊第 59 卷，第 2 期，2022 年。

量化支出是为了更好地管理开销，而管理开销的最终目的是增加储蓄。省钱是最容易的赚钱方式，所以我们也要记录下自己存下来多少钱（稍后我们会讨论如何处理这些积蓄）。每月存下几美元或几百美元，是积累财富的重要一步。随着收入增加，特别是当拿到奖金等大笔收入时，我们更需要强大的攒钱能力。

我天生就瘦，很难长肉，更别说保持肌肉了。虽然瘦没什么不好，但我还是希望自己能有点儿肌肉，毕竟研究表明，力量和健康长寿息息相关。我每周都会锻炼几次，所以运动量没问题。我的问题主要出在饮食上。我从小在英国长大，我妈是位单身职业女性，所以大部分时间食物只是为了填饱肚子。简单来说，我一天吃一顿饭就够了。为了改善这种情况，我用了一个营养应用程序，把自己的目标和每天吃的东西都输进去。它会追踪我的卡路里摄入，包括好的和坏的，还会给我发进度通知、建议调整等。这利用了所谓的"霍桑效应"——如果我们被人盯着就会表现得更好，即使那个人是自己。应用程序、记账本或者电子表格也能起到类似的监督作用。量化管理，事半功倍。

从某个角度看，健身和理财很像，都需要持之以恒。一个月只记一次账，就像一个月只去一次健身房，效果肯定不好。如果你3周都没看信用卡账单，那就别提什么管理了。最终，当你攒够了钱，开始投资，才算真正参与了这场"金钱游戏"。在跟踪投资时，最需要提防的是情绪的影响。把钱投入市场就意味着会有波动和下跌，而且很频繁。我们天生对损失的痛苦比对收益的快乐更敏感，所以当你的净资产缩水时，你需要强大的意志力才能不被它影响心情。

对此只有两种办法。你可以选择不看投资情况，但资本是动态的，不是静态的，如果你不关注，投资就会给你带来"意外"，而这种意外往往都不是什么好事。或者，你可以选择定期查看投资情况，但不要过于沉迷，要保持长远的眼光。投资的目的不是每天都赚钱，甚至不是每年都赚钱（尽管大多数年份都能赚钱）。投资是为了在几十年内获得收益。而且这是必然的。如果你在2002年初于标普500指数投资100美元，20年后，即到2022年底，你将拥有517.66美元。这笔投资的年回报率超过8%，比通货膨胀率高5.7%（见图10-2）。在这20年里，市场经历了历史性的低谷——百年一遇的金融危机，还有席卷全球的新冠疫情。但时间和耐心最终还是会带来回报。单只股票一天的表现就像抛硬币，充满不确定性。但长期来看，标普500指数的上涨几乎是必然的。

（美元）

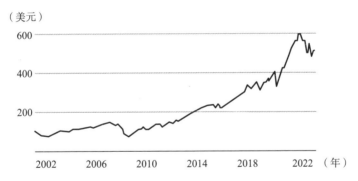

图10-2 于标普500指数投资的100美元在20年内的业绩表现

数据来源：加教授传媒对标准普尔业绩表现的分析。

记账：保持收支平衡

一旦开始记账，你如何管理支出呢？从某种程度上来说，你会自然而然地开始控制开销，因为心里有数会使一个人更加自律。

但要真正掌控财务未来，你还需要一个计划。这里不会长篇大论地讲个人财务表格，你可以根据自己的情况深入研究预算，相关图书和在线资源有很多。以下是一种方法和一些原则，你可以根据自身情况进行调整。如果你对自己的财务状况没有清晰的认识，那么通往财富的道路将会曲折艰难。

在收入不高的时候，一个人预算的关键在于精打细算——花钱要有计划，每一分钱都要花在刀刃上。就像举重能锻炼肌肉一样，精打细算也能锻炼你的"财力"。这和焦虑或羞耻没有关系。如果你偶尔超支，或者攒钱遇到困难，别灰心，调整一下计划，继续努力就好。学会珍惜每一分钱，你就能踏上积累财富的道路。当年我在加州大学洛杉矶分校读书时，食宿费都记在兄弟会的账上。到年底，我就欠下了 2 000 多美元（真怀念 20 世纪 80 年代的物价啊）。因为秋季开学我还要交 450 美元的学费（对，还是 20 世纪 80 年代的物价），所以我必须在暑假期间赚够 3 000 美元。

我们一群人会把省钱变成游戏，看谁在一周内花得最少。最低纪录是 91 美元（包括房租）。我依靠方便面、香蕉和牛奶坚持了 8 周，唯一的奢侈消费是在周日的晚上，和赛艇队的队友一起去时时乐餐厅大吃一顿。（20 世纪 80 年代，一份牛排、一份马里布鸡肉和无限量的沙拉只要 4.99 美元）6 个身高 1 米 8 以上、体重 80 多公斤的壮汉走进餐厅，打算吃掉一周的卡路里，那感觉就像入侵大军在洗劫维斯特洛大陆[1]。1996 年，时时乐申请破

---

[1] 维斯特洛大陆，是乔治 R.R. 马丁的奇幻系列《冰与火之歌》中的架空世界的 4 块大陆中的一块。——编者注

产保护，我敢肯定我们在这家连锁店的倒闭中"功不可没"。那段时间，我努力工作、锻炼、吃香蕉，疯狂扫荡沙拉吧。奇怪的是，现在回想起来，那个夏天还挺美好的。我们的目标非常明确：努力锻炼，攒够大学学费。幸运的是，我已经摆脱了"4.99美元吃到饱"的阶段。如果你也正处于这个阶段，相信我，你迟早会走出来的。

随着我们收入增加、财富积累，预算的重点就变成了计划和分配——为未来的各项开支做准备，比如换新屋顶或去欧洲度假。从省吃俭用到预订酒店，这意味着你的财务状况有了起色，你能摆脱束缚，拥有更多选择。我建议你采用以下方法来达到这个目标。

无论收入多少，你都要计算基本支出。你需要弄清楚实际的每月最低开销，包括房租、伙食费、通信费、水电费、学生贷款等。其中还要包括外出就餐、娱乐、旅游和买衣服的合理费用。这不是"我失业了，经济崩溃了，每周只能花 91 美元"的极端预算，而是正常生活的基准线。如果你的社交生活离不开周末和朋友去酒吧、吃早午餐，那就别指望从现在开始只吃泡面、看流媒体视频。这是根据你的实际情况和生活方式制订的最佳方案，这个消费水平是你的最低生存线。

准确计算花费并不容易，所以你要先学会记账，再做预算。你需要数据来支撑预算。花几个月时间，确保自己能准确记录每一笔开销。即使这样，一开始你可能还是会漏掉一些项目。你需要仔细检查过去一年的信用卡账单和银行对账单，找出那些年度订阅和偶尔的开销，确保无一遗漏。把年度开销分摊到每个月，这样你能提前做好准备，减少"意外"支出的发生。例如，如果你有一个每年需要支付 600 美元的专业执照，那么你在你的每月最低生存预算中就应计入 50 美元。

在这个预算中，你要加入一个"储蓄"项目。哪怕一开始只是象征性地每月存 10 美元，你也要坚持下去。理财专家常说"先给自己发工资"，培养每月储蓄的习惯很重要。所以，先设定一个当下就能实现的目标。在幻想成为挥金如土的富豪之前，先弄清楚你每年花多少钱买鞋。从小处着手，积少成多。

在有了最低生存预算，也就是你每月的实际基本开销后，将其与你的税后收入比较一下。如果你有固定工资，公司会帮你代扣税款，那么你的实得工资基本上就是实际收入。如果你的财务状况更复杂，就需要好好梳理一下。（下一部分会详细讨论税收问题）如果你的收入刚好满足最低生存预算，那可能真的只能过上泡面就电视的"低配"生活了。所以，你要想办法开源节流——那些从来不用的订阅服务就是很好的突破口。避免给预算增加不必要的负担。年轻时，住处应该主要用来睡觉、洗澡和吃饭，其他活动尽量少在家里进行。住在离工作地点和娱乐场所近的房子里，房子不用太大，干净就好。记住，你的职业发展和"宅家"的时间是成反比的。最终，你需要让支出低于收入。没有人能通过入不敷出变得富有。但别慌，也别放弃，最重要的是，不要停止记账。

在培养自律的消费习惯方面，你可以应用第一部分里的诸多经验。这是品格和行为相互促进的良性循环。当你还在培养更强的自律性时，很难仅凭意志力来控制消费。一些"生活小窍门"或许可以助你一臂之力，比如：

- 现金支付。这样可以增加支出的"摩擦力"。数钱、看着钱从柜台递出去、感受钱包变轻——所有这些都能让人更真切地感受到花钱的过程。用现金意味着必须手动记账，但这恰恰是个好事（如果你真的去记账的话），因为这种"摩擦力"会强化你的节约意识。
- 积少成多。有些银行会在刷卡时自动把消费金额凑整，零头转入储蓄账户；也有专门的应用程序可以实现这个功能。虽然这不太可能直接减少消费，但能带来小小的成就感，帮助你逐步养成储蓄习惯。
- 设计存钱游戏。为自己想养成的习惯设计一套积分体系。例如，如果你想减少外出吃饭的开销，改成自己带午餐上班，那么你每带一次午餐就加一分，并用可视化的方式记录积分。你可以在厨房柜台上放一个罐子，抽屉里放一袋玻璃球。你每次带着午餐出门，就往罐子里扔一颗球。你也可以试试更复杂的方式——现在有很多应用程序可以追踪待办事项，或者像电子游戏一样给行为打分。游戏化的过程本身就是一种奖励，但如果你想在达到某个目标时给自己额外的奖励，那么请确保奖励与自己想养成的习惯一致。例如，当攒满一罐玻璃球时，你不要用下馆子一周来奖励自己，而应选择其他更健康的奖励方式。

- 找个"花钱监督员"。你可以和朋友一起攒钱，或者玩存钱游戏，这样能激发竞争意识。更简单的办法是，告诉一个你重视的人，你每天、每周和每月的消费目标是多少。这个目标要具体，你还要保证做定期汇报。比如你可以对你父亲说："爸，我这一个月的午餐预算只有50元。一个月后我打电话告诉你我做得怎么样。"然后记得给他打电话。

记账越详细，管理起来就越轻松。最终，你会达到收支平衡——也许你10年前就实现了，也许还需要几年。但无论如何，你要先保证收入能覆盖基本开销，这样才能松一口气。等到实现收支平衡，你会感到很轻松，因为你清楚地知道自己每月需要多少钱，也知道自己有能力赚到这笔钱。至于超出基本开销的部分，你可以按照自己的心意自由支配了。

理性设定财富目标

远大的储蓄目标固然诱人，但设定这样的目标往往会适得其反。研究表明，人们容易高估自己未来的储蓄能力，目标设定得越长远，人们就越容易盲目自信，最终事与愿违。如果只设定一个本月的储蓄目标，我们通常会比较务实，目标也更容易实现。但如果设定6个月后的储蓄目标，我们就很容易脱离实际，目标最终难以达成。

更糟糕的是，研究还表明，当我们设定了不切实际的目标，并在实现过程中偏离轨道时，这不仅会令人失去动力，甚至可能反其道而行之。研究发现，那些被要求设定几个月后储蓄目标的人，往往比设定下个月储蓄目标的人设定得更高，实际存下的钱却更少。[9] 过高的长期储蓄目标会让人陷入双重困境：首先，不切实际的目标注定无法达成；其次，目标失败带来的挫败感会让人比没有目标时感觉更糟。

特别是在刚开始学习预算和储蓄时，我们要把重点放在控制支出上，而不是储蓄上，可以先设定一些近期可实现的小目标。小的成功会不断积累，最终让你走向更大的成功。理财就像跑马拉松，不要指望第一天就能跑完全程。

正如我在"自律"中讨论的，人们赚得越多，往往花得越多。生活水平的攀升是人之常情。你会不断调整自己的期望，当年收入 5 万美元时你觉得奢侈的生活，到了年收入 15 万美元时可能就显得勉强了。你的朋友会赚更多的钱，他们的消费水平也会水涨船高。资本主义更会变着法儿地引诱你花钱。你的消费欲望会像气球一样膨胀。因此，你必须运用自律的智慧，让消费增长的速度慢于收入增长的速度。

我无法告诉你每年应该存多少钱，因为变量太多，而且每个人的情况都不同。但我可以肯定的是，如果去年你的收入增长了 20%，消费却增长了 25%，你的财务状况就堪忧了。收入增长和消费增长之间的差距不断扩大，才是实现财富自由的关键（见图 10-3）。

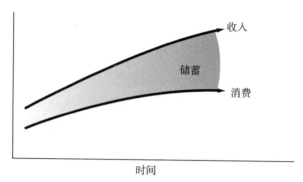

图 10-3　财富自由的基石

人们要想更好地控制消费的增长速度，需要避免两件事：固定支出和消费波动。稳定的人际关系是好事，但固定支出是消费陷阱。订阅服务、需要维护的资产（比如汽车、船、房子、船屋——真的，别买船屋），以及任何分期付款购买的东西（"先买后付"），都会让未来的消费更难控制，因为你给自己挖了一个坑，平添了许多不必要的负担。

消费波动带来的影响则不同，它会破坏你对未来支出的预估和掌控能力，而这两点对做好预算是至关重要的。在提前计划并为之存钱的情况下，偶尔放纵一下是享受生活的一部分。但如果每个月的消费都毫无规律、忽高忽低，你就很难拥有享受的生活。

收入分配的"3 个桶"

从概念上讲，我们可以把多余的钱分配到 3 个桶里（见图 10-4）。至于我们实际把钱放在哪里，以及如何投资，我将在下一部分介绍。第一个桶是日常消费，这是最简单的选择（对大多数人来说），这里指的是通过消费品和服务提升当下的生活质量。当然，消费并不都是可有可无的：衣食住行都是必要的开销。在财富积累的初期，几乎所有人的"日常消费桶"都是最大的。你的最低生存预算，指的就是这部分支出。

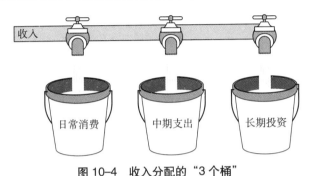

图 10-4　收入分配的"3 个桶"

消费支出并不是投资。虽然在日常生活中，"投资"一词的使用比较宽泛，即使在这本书中，我也提到过"对人际关系进行投资"。从这个角度看，支付本科生或研究生的学费也可以算作对职业生涯的"投资"。但当讨论如何分配资金时，我们需要更严谨的定义。在这本书中，投资特指那些预期能带来直接经济回报的行为——一旦交易完成，你的资金就会增加。支出则被称为消费，因为你在消耗经济中的商品和服务。简单来说，就是你的钱在交易中被消耗掉了，它一去不复返。

有些支出虽然不能直接产生经济回报，但我们能合理预期它们会增加收入或减少开支，这类支出与消费之间的界限往往比较模糊。高等教育就是一个典型的例子：学位可能会提高你的赚钱能力，所以这笔费用有一些投资的味道。然而，文凭不能出售，因此严格来说，学费并不是财务规划意义上的"投资"。

我之所以强调这一点，是因为人们很容易通过给消费贴上"投资"的标签来为其辩护。比如，面试前买新鞋、在更高级的健身房办会员，这些东西或许能改善你的经济状况，但其本质仍然是消费，而不是投资。有些消费可能比其他消费更有意义，比如给别人买礼物、向慈善机构捐款，但钱一旦花出去，就没了。你可以把消费看作消耗自己的财富。别误会，我喜欢消费，享受生活也很重要。但每一笔消费都是一种选择，它们都会影响你的财富积累。

除了"日常消费桶"，你的收入还会被分配到另外两个桶里。一个桶是长期投资，也就是我们这一代人常说的"退休储蓄"，虽然现在退休的概念已经变了。你可以称之为财富积累、长期资金，或者经济保障的基石。就像我的朋友老李定期往个人退休账户存 2 000 美元一样。它能让你实现梦想，比如在海滩上喝着迈泰鸡尾酒，看着孙子们在海浪中嬉戏，或者满足你未来的任何愿望。

另一个桶是中期支出，介于日常消费和长期投资之间，用于应对未来可能出现的大额支出（有些支出可能在意料之外），例如购车或购房首付、研究生学费、合伙企业入股费、重大医疗费用等。

我们需要明确的是，虽然收入在这里被分为日常消费、中期支出和长期投资 3 个桶，且中期支出又被细分为"应急基金""子女大学学费""购房首付款"等，但这些都只是所谓的

"心理账户"，是为了方便理解和管理的一种概念分类。从本质上讲，钱就是钱，无论如何分类，过度划分都可能影响决策。这种分类你可以参考，但不要受其束缚。

在扣除最低生存预算的花费后，你的每一笔收入都可以分配到这 3 个桶里，也可以另作他用。你的任务是，在消费上投入足够的资金，让自己对生活感到满意（其实不需要花太多钱），同时以能让你实现财富自由的速度积累中期和长期投资。至于如何打理中期和长期投资，我将在下一部分详细介绍。

资产配置的逻辑

在职业生涯早期，除非你运气爆棚，否则很难攒下大笔的长期投资资金。这很正常，但关键是要开始储蓄，养成投资理财的好习惯，为将来打好基础。只要你开始行动，就已经很棒了。20多岁的时光转瞬即逝（这既是好事又是坏事），你为工作付出的努力也值得你享受当下。然而，你如果正值壮年，处于收入巅峰期，就应该更积极地存钱，毕竟你有更强的赚钱能力。

当然，在理想的状态下，你肯定想把所有积蓄都投到长期投资账户里，让钱生钱，为未来的财富自由打下坚实基础。但在现实中，总有些钱你需要提前用掉。这就是中期支出桶的作用。中期支出桶是用来应对大额开销的（不管是计划好的还是突发的），它保证你有足够的现金来支付这些开销。它的作用是帮你管理两个因素：资产的流动性和波动性。

流动性是指资产变现的难易程度，无论是换成其他投资还是用于消费。储蓄或支票账户中的钱的流动性很强。公开交易的股票、债券，以及大多数在交易所交易的资产也是如此（下一部分会详细介绍）。而房产的流动性就差多了，虽然我们可以卖房变现，或者通过房屋净值贷款或抵押贷款再融资，但这需要时间，而且我们要承担交易成本。在美国，传统个人退休账户和401(k)退休账户里的钱也能取出来，但你要交税，未到退休年龄的人提取账户里的钱还要缴纳10%的罚款。私人公司的股权流动性就更差了。显然，当你越着急用钱的时候，其流动性就越重要。

另一个因素是资产价格的波动性。我将在下一部分讨论风险和分散投资时详细介绍这一点，但对财务规划来说，关键是要明白有些资产价格稳定，有些则波动很大。现金几乎没有波动（虽然通货膨胀会让它贬值，但10美元永远是10美元）。高增长科技股的波动很大，而所有股票都至少有中等程度的波动。回想一下过去200年标普500指数的走势：长期来看，平均增长8%，但每年回报率都不一样。长期投资不用太担心波动，因为你可以选择在低谷时持有资产，在高点卖出。但在短期投资中波动性是个风险，因为你可能被迫在低谷时卖出。

简单来说，你的资金需求越紧迫，你就越需要流动性高、波动性低的资产。例如，你如果打算支付20万美元的购房首付，那么把这笔钱放在流动性差的个人退休账户里，或者全部押注在一只波动性大的科技股上，显然都不是明智之举。但如果你计划在5年后购房，那么你可以承受更大的波动性，你的资产也不需要那么高的流动性。"长期"和"中期"资金桶只是比喻，并非严格的分类。

中期支出规划的关键在于根据个人整体财务状况，灵活调整资产的流动性和波动性，以应对预期（和意外）的支出。

应急基金

那么，以上这些原则如何应用于个人理财图书中的信条——应急基金呢？首先，如果你没有任何可随时变现的储蓄，那么建立流动性高、风险低的小额应急基金是一个很好的起点。这样做具有现实意义，因为意外难免发生，而且它还能帮你养成存钱的好习惯。1 000美元是一个不错的初始目标。为什么是1 000美元？因为它是个整数，而且足以应付你的很多意外开销，大多数人都能做到。这应该是你储蓄计划的早期目标——在储蓄账户里存1 000美元，专门用于应急。（注意：用应急基金很正常，这本来就是它的目的——它是预算的缓冲垫，帮你维持财务状况稳定，而不是什么神圣不可侵犯的东西。）能做到这一点，你就已经超过大多数人了：56%的美国成年人甚至没有1 000美元的备用现金[10]。

"应急基金"这个标签虽然方便，但我们不要忘记它只是一种心理上的划分。拥有1万美元"应急基金"的真正含义是拥有至少1万美元容易变现的低风险资产。具体来说，它可以包括计息储蓄账户、货币市场基金和非常保守的投资基金。在2008年全球金融危机后的几年里，利率低迷，我们在不承担风险的情况下很难获得投资回报。然而，零利率时代似乎已经结束，至少在我写这本书的时候，美国储蓄账户的利率已达到3.5%~4%，它应该足以抵御通货膨胀影响，甚至可能带来一些实际收益了。

很多理财规划过于强调"心理账户"，并建议把应急基金、买房首付、教育基金分开存放。其实，这些账户就像小孩学步用的学步车，等资产积累到一定程度，人们就不需要了。钱就是钱（经济学家用"可互换性"来描述钱的特点），叫什么名字并不重要，重要的是如何投资。

我们可以先大致想想未来要花多少钱、什么时候花，然后留出一部分低风险、容易变现的钱来应急。随着时间推移，再慢慢多存点儿钱。如果接下来一年没有大额支出，那么这些低风险、容易变现的钱就足够应急了。剩下的钱你可以投到你觉得回报率最高的地方（下一部分会详细展开），你不用太在意流动性或风险。等快要有大额支出了，再把一部分钱从高风险投资转到波动性低、流动性高的投资上。

1 000美元以上的应急基金该留多少？经典的理财建议是3~6个月的收入。但实际情况因人而异，对很多人来说，尤其是年轻人，没必要存那么多。如果你有份稳定的工作，公司财务状况良好，没有房贷、育儿之类的硬性支出，身心健康，家里也比较宽裕，那么你其实不需要那么多应急资金。但如果这些条件不太符合，你就得多存点儿。

我们不妨想想最坏的情况（比如失业），你需要多少钱才能撑过去，不至于让自己过得太苦（同时考虑你能合理减少开支的程度）？那么这笔钱就该放在低风险、容易变现的投资上。

而且，应急基金也不是一成不变的。当遇到突发情况时，我们就该拿出来用。另外，当你要花一大笔钱时，也可以考虑先动用应急基金，然后再慢慢补上。当然，具体情况还得看你自己，但别让"应急基金"（或其他心理账户）里那个固定的数字左右你的人生大事。如果你找到了心仪的入门小房，但还差 2 万美元的首付，别因为理财书上说应急基金要一直保持在 3 万美元就放弃。你可以把应急基金降到 1 万美元，买下房子，然后再好好攒钱。钱是活的，存钱就是为了日后使用，不是为了让账户上的数字好看。

充分利用退休金账户

下一部分我会详细探讨投资和税收，但有一个方面与资产配置息息相关，重要到不能再等，那就是退休金账户的使用。美国的退休金类型包括 401(k) 养老金计划、传统 IRA（传统个人退休账户）和罗斯 IRA（罗斯个人退休账户）等。简而言之：请充分利用它们。它们结合了强制储蓄、税收最小化和复利的力量，可以成为你财富自由的基石。

如何使用它们？如果你有 401(k) 账户，而且公司提供雇主匹配缴款，那么你应该优先考虑往这个账户里存钱，至少存到能拿到全部雇主匹配缴款的额度。因为这不仅相当于公司白送你一笔钱，还能让你享受税收优惠，可以说是回报率最高的投资了。

超过匹配额度的部分也可以考虑继续存入 401(k) 账户，但这应该由个人税务状况和资产流动性需求决定。如何利用这些计划没有统一的方案，也没有哪一个计划在所有情况下都"更好"。

在后文讨论税收时，我会更详细地介绍这些内容。

资产配置的实际应用

我们可以通过一个假设的例子来了解每月资金的典型分配情况。杰克大学毕业工作一年，刚刚开始存钱。他年薪6万美元，每个月的最低生存预算是3 000美元，主要是交房租、吃饭和娱乐。他觉得3 000美元的应急基金就够了——他工作稳定，房子是按月续租的，而且父母住得近，就算遇到困难也能暂时搬回家住。他有一个年利率4%的储蓄账户，目前存了500美元，正在努力将这个低风险、高流动性的账户余额增加到3 000美元。他参加了公司的401(k)退休金计划，已经将工资的5%存入其中一年，所以他的长期投资资金有3 000美元。

月初，在交完房租、还完信用卡后，杰克只剩下20美元现金和100美元的活期存款。他需要大部分薪水来支付日常开销。但这没关系，重要的是他设定了预算，也正在养成良好的理财习惯。

在扣除税费和月薪5%（250美元）的401(k)缴款后，杰克这个月收到两张1 750美元的工资支票，共计3 500美元。其中3 000美元留在活期存款账户中，用于支付当月的日常开销。在大多数月份中，他的支出都会略微超出预算，这个月又多花了300美元。这样一来，他还剩下200美元可以存起来。

为了养成在401(k)退休账户之外长期储蓄的习惯，他在富达证券开设了一个经纪账户，存了20美元。在本书的下一部分中我们将看到他如何用这笔钱投资高风险的长期资产，比如购买公司股票。20 美元虽然不多，但这是一个开始。

剩下的 180 美元转入储蓄账户，现在杰克的应急储备有 680 美元了，目标是 3 000 美元。照这个速度，他还得一年才能存够。不过，如果他能控制开支，不超预算，3 个月就能搞定。他已经养成了每隔几天就检查预算的习惯，提醒自己，花每一分钱都是一种选择。将来，他想读商学院，希望入学前储蓄账户里的钱能超过 3 000 美元；但目前，一旦达到 3 000 美元，他就打算把多余的钱都投入长期投资。

债务：理财双刃剑

债务是资产的反面。在个人理财中，债务是一个备受争议且极具个人色彩的话题。我的观点是，债务就像一把双刃剑，它是一种强大的工具，但使用时我们必须小心谨慎。

用长期债务购买长期资产是明智的，甚至可以说是天才之举。债务能提供"杠杆"，就像杠杆和支点能放大力量一样，债务也能成倍放大资金的盈利能力。富人和公司都喜欢债务，因为它能带来杠杆效应。举个例子，如果我全款 100 万美元买房，在房子升值到 200 万美元后，我的钱就翻番了。这很棒。但如果我只付 20 万美元首付，贷款 80 万美元，房子升值到 200 万美元卖出，还清贷款后我还剩 120 万美元，我的资金增长了 6 倍。这就是杠杆作用。在两种情况下我赚的总金额相同，都是 100 万美元，但在负债的情况下，只需要 20 万美元就能实现同样的收益。还记得机会成本吗？通过使用债务，我释放了 80 万美元用于其他投资。

通过抵押贷款买自住房，从个人理财的角度看，通常是一个明智的选择（我将在下一部分详细讨论房地产的投资属性）。但汽车贷款就值得商榷了。人们往往用贷款买超出实际需要的好车，而不是满足基本出行需求的车。汽车销售希望你问："我能买得起多贵的车？"但更好的问题为："我需要多少钱的车？"汽车贷款本质上是一种消费，如果好车能给你带来快乐，那你也应该在购买前攒够大部分甚至全部的钱。自己挣来的快乐，享受起来才会更加心满意足。

高利率的信用卡、先买后付贷款、商店分期付款等短期债务就像"夜贼"，悄无声息地偷走财富。即使是"免息"贷款，也是对未来消费的承诺，是牺牲未来的财务状况来满足眼前的欲望。一个基本的理财原则是，债务的期限不应超过所购资产的使用寿命。30年的房屋抵押贷款符合这一标准，用一年的信用卡债务购买一双只能穿一季的鞋子则不然。善待自己，但不要透支未来。

在职业生涯早期，大家用短期债务来弥补收入和消费之间的差距也许难以避免，适度借款也无可厚非，但需要保持清醒、合理使用。如果有信用卡债务，你就不要再申请汽车贷款。量化短期债务，不要将其隐藏在5个不同的账户中。我们要将债务放在预算表首位，将还款纳入基本生活预算，弄清楚最终的还款方案。此外，你不要因为债务就放弃储蓄的习惯。即使正在偿还18%的高息信用卡，你也要每月存10美元。

如果债务还款已经影响到基本生活，你就需要制订还款计划了。

如果你深陷债务泥潭，也就是甚至没办法支付最低还款额，或者债务总量每个月都在增加，看不到尽头，那你应该寻求信贷咨询。要谨慎选择，找到一家拥有认证信贷顾问的非营利信贷咨询机构。美国消费者金融保护局在其网站上提供了相关指南和链接。[11]

第十一章

未来可期

———

当现在的你精打细算、努力储蓄时，未来的你正满怀期待，准备享受这笔财富。你的任务是在当下的快乐和未来的需求之间找到平衡。理财建议自然会关注未来，但这确实需要平衡。如果一个计划让你现在过得太苦，你可能无法坚持，即使坚持了，又有什么意义呢？如果通过牺牲自己来实现目标，那么你最终会成为什么样的人？

现在塑造未来

努力赚钱、养成储蓄习惯，都不容易。我们需要坚持不懈，过程中还会遇到各种挫折。但为遥远的未来做计划，难就难在你看不到终点，甚至到了终点，你都不一定能意识到自己已经成功了。尽管如此，努力去做还是很重要，因为你对未来自己的展望，既是重要的规划工具，也是你前进的动力。

无论你现在处于人生的哪个阶段，不妨回顾过去几年，比较一下现在的你和当时的你。注意其中的差异。现在让你快乐的事，以前是不是没那么重要？回首往事，我经历过几个截然不同的阶段（虽然当时没觉得有那么不同）。我曾被金钱焦虑、对物质的渴望，以及想取悦、打动身边重要的人的念头驱使。随着时间的推移，这些念头的比重发生了根本变化，我对实现它们的方式也有了新的认识。

想象一下 5 年、25 年甚至 50 年后的自己。你觉得个人变化的步伐会放缓吗？你认为迄今为止如此多变的动力和欲望会一成不变吗？问问比你年长二三十岁的人："你还跟 20 年前一样吗？"然后再问他们："你活成了当初自己想要的样子吗？"认为自己不会继续改变的想法其实是一种错觉，心理学上叫作"投射偏差"，意思就是人们往往会"夸大他们未来的品位与当前品位的相似程度"。[12]

从社会角度来看，预测我们个人的未来也变得更加困难：退休的概念正在发生变化。20% 的美国"退休"人士仍在打工，大多数人表示他们这样做是因为工作能让他们继续找到生活的意义。[13] 变老比过去更昂贵，有一部分原因是医疗保健费用不断上涨，还有一部分原因是我们活得更长了（至少我们的医疗费用有所回报）。65 岁以上的人群离婚率最高，且离婚对他们财务状况的打击是残酷的：65 岁后离婚的男性和女性的生活水平分别下降 25% 和 41%。[14]

为未来的自己做计划，最重要的不是精确计算，而是拥抱变化。你无法预测未来的自己会变成什么样，所以别把自己困在某个具体的、必须实现的目标里。你晨跑时路过的那座悬崖别墅可能永远不会出售，尝遍米其林餐厅或征服七大洲高峰听上去很美好，但你可能会为之付出巨大代价，甚至在愿望实现后追悔莫及。伟大的目标（甚至没那么伟大的目标）不应该成为执念，如果你为开设计工作室攒了 10 年钱，却在选址时发现自己根本没兴趣了，那就承认自己变了，这不是你想要的了。想要海滨别墅也很好，你可以把它设置成电脑桌面，当成奋斗的动力，或者在财务规划中用它的价格作为锚点，这都是很好的做法。但别把"富有"和"海滨别墅"画等号，否则你只会根据现在的自己而不是理想中的自己做决定，因为你不是活在梦想的生活中，而是活在现实生活中。

真正的财富自由不是得到某个特定的东西，而是拥有更多样的选择和更广阔的天地。

如何应对意外事件

丹尼尔·卡尼曼曾说，令人惊讶的事件教会我们，世界本来就充满意外。[15] 每隔几年，总有那么些事让你措手不及，比如席卷全球的疫情、突如其来的车祸，或是与命中注定的那个人不期而遇。然而，世事难料，最令人猝不及防的往往是飞来横祸——癌症确诊比中彩票要常见得多。但无论发生什么，我们都希望自己能随机应变，从容应对。

随时可用的储蓄，也就是理财规划师常说的应急基金，它不仅是你工作回报的证明，也是抵御意外的第一道防线。然而，除了未雨绸缪，心理上的韧性同样重要。这就是为什么说，一个人实现财富自由最终靠的不是精打细算，而是坚韧的品格。当精心规划的预算被意外打乱时，成功来自允许自己短暂崩溃，然后重整旗鼓，审视局面（同时提醒自己，事情往往不像看起来那么好或那么坏），并重新制订计划，应对突如其来的变故。说不定，陨石坑还能变成一个漂亮的泳池呢。

听取专业的理财建议

在前言中，我提供了一个快速估算实现财富自由所需资产的方法：将你预期的年度"烧钱水平"，即年度支出（包括税费）乘以 25。这是基于"4% 法则"，假设你的投资回报率能持续跑赢通货膨胀 4%。这个方法可以帮你快速定个小目标，但这仅仅是第一步。

随着收入增长，如果你能善用这本书的经验教训，你的储蓄也会水涨船高。但与此同时，你的债务、税务和投资需求也可能变得更复杂。25 倍"烧钱水平"是个有用的参考，但不是万能药。如果你做事井井有条（比如会为度假做详细的预算表），并且已经养成了良好的理财习惯，那么你可以继续自己打理财务。但请认真考虑寻求专业人士的帮助。根据你的资产规模和具体情况，你可能需要税务顾问、会计师，甚至律师等为你保驾护航，其中最重要的角色，莫过于理财规划师。

各行各业都有人自称理财规划师，但你需要的是具备特定资质的专业人士。你需要一个受过专业培训并持有执照的人，更重要的是，这个人必须是受托人。这意味着他有法律义务将你的利益置于自身利益之上。具体来说，你需要注意公司资质和个人资质这两点。第一，你的顾问所在的公司持有 RIA（注册投资顾问）的牌照；第二，你的顾问个人必须持有 CFP（国际金融理财师）或 CFA（特许金融分析师）执照。

合格的顾问有很多，所以你千万别降低标准。别因为某人是你的姐妹会成员，或者能弄到热门球赛的门票，你就让她来帮你规划财富自由之路。否则，这可能成为你花过的最冤枉的钱。

关于顾问，有件事你必须明白：你不是花钱请他们帮你赚大钱。长期来看，没人能跑赢市场。如果真有人有赚钱的秘诀，他们才不会按比例分给你呢。你付钱给顾问，是为了得到专业的规划、监督和信心。你的财富越多，生活越复杂，这些服务就越有价值。

对你的财富自由来说，比理财顾问更重要的，是你的另一半。无论你们多么合拍、多么相似，在金钱观上都不可能完全一致。毕竟，世界上没有两片完全相同的叶子。我们与金钱的关系错综复杂，往往自己都难以察觉。所以，你需要花时间和伴侣深入交流，一层层揭开彼此对金钱真正的看法，在储蓄、消费和规划方面达成共识。一个好的理财规划师能在这方面帮上大忙，这也是他们工作的重要部分。永远别忘了，努力实现财富自由，是为了有更多时间和精力去经营人际关系，享受生活。这才是我们终极的人生追求。

▀▀▀ 财富指南 ▀▀▀

■ 寸金难买寸光阴，时间比任何资产都宝贵。钱可以再赚，时间流逝却无法挽回。

■ 复利的力量不容小觑。哪怕是小收益，经过多年的复利积累，财富也能滚雪球般壮大。

■ 通货膨胀的威力同样不容忽视。复利的另一面是，未来的钱不如今天的钱值钱。你在设定储蓄目标和投资策略时必须考虑到这一点。

■ 理性对待金钱。你要密切地关注收入、支出和投资，但别让情绪影响你的判断。

■ 追踪实际支出。如果你这辈子只能追踪一个财务指标，那就是自己的支出。这里的支出不是你计划或自认为花了多少钱，而是每天实实在在花出去的钱。

■ 每月存钱，哪怕几元钱也好。存钱就像锻炼肌肉，用进废退。你要培养自己的储蓄习惯。

■ 避免不必要的固定支出。稳定的人际关系是好事，固定支出却可能是消费陷阱。警惕订阅服务、分期付款和需要维护的资产。

■ 维持稳定的消费水平。消费水平波动太大会让人难以掌控，消费一旦失控，你只会越花越多。

■ 确定最低生存预算。你的消费决策应该以切合实际的每月最低预算为基准。别忘了把订阅服务和其他不定期费用也纳入预算，它们可不会忘记你。

■ 给未来的自己留有余地。未来的变化难以预料，所以你的计划要考虑到自己不断变化的偏好。

■ 设定可实现的短期储蓄目标。"30 岁时攒够 100 万"不是计划，也无法帮助你实现目标。但"10 月 1 日前存 5 000 元"是可以用来指导日常决策的。只要做出足够多的正确决定，你就能攒到 100 万。

■ 让消费成为深思熟虑的选择。除非你债台高筑，否则把每一分闲钱都省下来既不现实，又没必要。尤其是在你年轻的时候，生活就是要体验的，而很多美好的体验都不是免费的。

■ 把开支分为 3 个桶，每一元钱都属于其中之一：

　　日常消费：食物、住房、衣服、交通、贷款还款和其他日常开销。

　　中期支出：大额或不定期支出，比如学费、购房首付。

　　长期投资：用于投资的钱，为未来的消费做准备。这是未来财富自由的保障。

■ 中期支出应包含波动性低、流动性高的投资。当需要动用这笔钱时，你要确保自己有钱可用。别把这笔钱投入房地产、私募股权，或者高风险的投资。

■ 充分利用退休金账户。如果你的雇主提供 401(k) 或类似的退休金配缴计划，那么在任何其他支出或投资之前，你应该先最大限度地利用这部分配缴额度。因为这不仅相当于公司白送你一笔钱，还能让你享受税收优惠，可以说是回报率最高的投资了。

■ 应对意外事件，见招拆招。生活总有意外，人们都难免犯错。但这些都是调整计划的理由，而不是放弃的借口。事情往往没有看上去那么好，也没有看上去那么糟。

第四部分

分散投资

财富

＝

专注

＋

（

自律

×

时间

×

分散投资

）

仅凭收入就能致富的人屈指可数。诚然，有些人可以，例如《财富》世界100强公司的首席执行官、体育明星、一线电影演员。但对绝大多数人来说，收入只是个基础，我们要想实现财富自由，还需要更多的努力。具体来说，我们需要将劳动收入转化为更能增值的东西：资本。

资本是流动的金钱，是用来创造价值的金钱。资本就是正在发挥作用的钱。企业、政府、金融机构的运转都离不开源源不断的资本——它们需要为使用资本付费。和成就一番事业一样，积累财富也需要借助他人的力量：利用他人（团队、员工、供应商）的技能和资本。如果没有其他人和外部资本，一个人几乎不可能建立公司或积累财富。而为他人提供资本（并从中获得回报）就是投资。

投资也是一座桥梁，桥的这边是本书前几部分要求的努力工作，另一边就是本书开头承诺的财富自由。投资也是实现财富自由整个过程中最简单的一环。与"自律"讨论的个人成长、"专注"提到的职业发展，或者"时间"强调的日常习惯不同，投资是让别人替你干活——你可以坐享其成。恭喜你，你现在也是个"资本家"了。

大多数理财书都对读者屏蔽了资本主义和金融市场的底层运作机制，这可能是出于好意，对很多人来说这也许也是正确的做法。金融是个庞大复杂的系统，有自己的一套术语和文化（甚至不止一套）。你不需要精通这些就能获得长期投资回报。深入钻研这些东西需要花费时间和精力，而这些资源可以投入其他方面（机会成本）。所以，把专业的事交给专业人士来做也未尝不可。

而这本书的内容不同。第四部分是这本书里最长的一部分，因为它除了教你具体的投资策略，还想让你深入了解这些策略背后的原理。金融系统每天都在以各种方式影响我们的生活，了解它的运作对每个人都有好处。这部分内容看上去似乎浅尝辄止，其实已经比大多数学校或家庭能提供的金融知识更丰富了。

这部分被分为 5 个主要的章节，第一章会介绍一些投资的基本原则，包括为什么要投资，以及如何看待个人投资和整体投资组合。第二章会概述金融市场——资金的交易场所，也是你让钱生钱的地方。第三章会介绍市场上主要的资产类别，并给出具体的投资建议。第四章会深入探讨投资策略中经常被忽视的一个方面：税收。税收是我们为社会秩序付出的代价，但我们的税收制度并不完善。如果我们不提前做好规划，就可能多缴税。在第五章中，我会分享自己 40 多年来在投资和生活道路上积累的一些实用建议。

如果你在金融行业工作，那么这部分的大多数内容你可能已经很熟悉了，甚至让你觉得有些初级。你可以选择跳过或快速浏览，但换个角度来看待这些熟悉的内容，或许能给你带来新的启发。如果你是金融新手，那么你可能会觉得有点儿吃力，因为信息量确实很大。金融领域错综复杂，各个部分相互关联，一个人如果不了解它的整体就很难理解其中某个细节。

除了我在这里介绍的内容外，我还强烈建议你养成关注财经新闻的习惯。近几十年来，财经新闻已经成为主流，很多商业故事甚至会出现在普通新闻中。不过，这些报道往往聚焦一些特殊的案例，比如消费品和一些引人注目的事件。有了这本书的基础知识，你就能更深入地了解市场，更密切地关注财经动态。

当你把这些原则应用于自己的投资时，你就会真正理解它们。随着你对金融世界的了解越来越深入，我在这里讲的内容也会变得更加清晰易懂。我保证。

第十二章
投资的基本原则

———

　　我从各种渠道获得知识（知识量每天都在变大），但最根本的一点是，我很幸运，在小的时候遇到了一位导师。

　　我在 13 岁那年，觉得自己就像个隐形人。不是说我真的会隐身，而是说我是那种没什么朋友、脑子也不太灵光、存在感很低的孩子。那时候，妈妈和一个男人在交往，他对我还挺好的。有一天，我看到新闻里提到股票，就好奇地问他那是什么。他简单解释了一下，然后停下来，认真地看了我一会儿。接着，他从钱包里掏出两张崭新的 100 美元钞票，递给我说："去金融街那些看起来很厉害的证券公司，买点儿股票吧。"我一头雾水，问他具体怎么操作。"你这么聪明，肯定能搞定的。要是下周末我回来的时候你还没买，就把钱还给我。"我长这么大，还是第一次见到 100 美元的钞票。特里人不错，对我也很关心。但他有自己的家庭，只是每隔一个周末会来陪陪我们。我们就像电视剧里那种见不得光的"婚外情"家庭，永远活在阴影里，从来不是主角。不过，这些都不是我想说的重点。

第二天放学后，我径直走到韦斯特伍德大街和威尔希尔大道的拐角处，进了迪恩威特证券公司的办公室。一个戴着夸张金首饰的女人问我有什么事，我告诉她我是来买股票的。她愣了一下。我突然有点儿紧张，脱口而出："我有200美元。"然后把那两张崭新的钞票给她看。她一脸惊讶，递给我一个开窗信封，让我稍等。我坐在那里，把信封里的钞票整理了一下，还透过玻璃纸看到钞票上富兰克林的头像。这时，一个卷发男人走进大厅，朝我走来。

"我是赛·科尔德纳。欢迎来到迪恩威特证券。"他说。

科尔德纳把我领进他的办公室，给我上了一堂30分钟的市场入门课。他告诉我，股价涨跌，全看买家和卖家的力量对比。每一股股票代表着公司的一小部分所有权。炒股这事儿，外行看热闹，凭感觉；内行看门道，跟着数据走。他建议我，"买熟不买生"，如果要买股票，就买自己了解和喜欢的公司的股票。一番斟酌，我们决定把我这笔"巨款"全部押在哥伦比亚电影公司上，我买了13股，纽交所股票代码CPS，15.375美元/股。

在接下来的两年里，我每天午饭时间都跑到艾默生初级中学操场的电话亭，花20美分给科尔德纳打电话，跟他聊聊我的"投资组合"。有时候在放学后，我也会直接去他办公室，听他"汇报工作"（毕竟我也没什么朋友可找）。他就会敲几下键盘，告诉我哥伦比亚电影公司的股票当天是涨是跌，再分析分析原因。有时候他会说："今天市场不太好。"意思就是卖的人比买的人多，股价一路走低，直到跌到有人觉得划算，才会有更多人买进。"看来《第三类接触》票房不错啊。""《骏马落难记》这片子算是砸了。"[①] 科尔德纳甚至给我妈妈打电话。不是为了拉生意（我们家没什么钱），而是告诉她我和他都聊了些什么，顺便夸夸我。

等我上了高中，我和科尔德纳就断了联系。后来，可口可乐公司收购了哥伦比亚电影公司，几年后，我卖掉了手里的可口可乐股票，和兄弟会的哥们儿一起去了趟加利福尼亚州海边旅行。不过，那段经历给我留下了两样东西。一是我知道大人看得起我，我能走进市中心的金融大楼，在那里我不会被人当成空气。二是我不再觉得资本市场那么神秘。科尔德纳教会我，金融世界看着复杂，其实背后就那么几条基本原则，连 13 岁的孩子都能掌握。

风险和回报

资本家让钱生钱的方式可谓五花八门，从简单的银行贷款到那些连设计者都搞不太明白的复杂衍生品，不一而足。但万变不离其宗，每一种投资都可以归结为风险和回报之间的权衡。在一个运转良好的市场中，风险越大，（潜在）回报也就越高。风险，就是你为了追求回报所付出的代价。

举个最简单的例子：抛硬币。如果你赌正面朝上，赢面是一半对一半（也就是 1 : 1 的赔率），这时候的回报就是 100%。你

---

① 这两部电影都是由哥伦比亚电影公司出品的。电影票房会影响电影公司的股价。——译者注

下注（"投资"）1 美元，赢了就能拿回 1 美元的本金，外加 1 美元的"回报"。但如果你赌连续两次正面朝上，那就不一样了。输的概率比赢的概率大 3 倍：抛两次硬币，有 4 种可能的结果，其中 3 种（反反、正反、反正）都会让你输钱，赔率是 1 : 3。在这种情况下，你要是下注 1 美元，预期回报就是 1 美元的本金加上 3 美元的"回报"。风险高了，自然预期的回报也高。要是有人跟你赌连续两次正面朝上，用 2 美元对赌你的 1 美元，那还不是很划算。但要他是用 5 美元对赌你的 1 美元，你可每次都得跟他赌。

投资中的风险和回报远比抛硬币复杂得多。不像抛硬币那样一开始就知道输赢概率，投资的风险在初期往往是未知的。而且，投资的目标是获得正回报，而不是像赌硬币那样仅仅追求不输不赢。投资结果很少是非黑即白的（要么赚、要么赔），而且回报往往是持续的收入，而非一次性的。但归根结底，让风险低于潜在回报仍然是投资成功的关键。

还是那句话，风险就是你为了回报所付出的代价：不入虎穴，焉得虎子。

投资的两大维度

投资活动可以从两个维度来划分：主动型还是被动型，分散型还是集中型。搞清楚一项投资在这两个维度上的位置，能帮你更好地决定何时何地投入时间和资金（见图 12-1）。

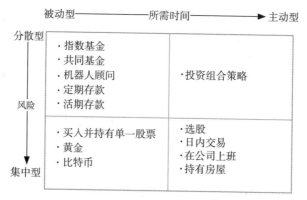

图 12-1　投资选项分类

　　主动型还是被动型，指的是你花多少时间、精力在投资上，以及你能多大程度影响投资结果。把钱存在银行里完全属于被动投资，你除了把钱存进去什么都不用管，银行给多少利息就是多少，你做什么都改变不了它。要说最耗费精力的主动投资，那肯定是你自己的工作。你可能没想过工作也是一种投资，但它确实是除了人际关系之外，你最重要的，也是最费时间的投资。如果你还持有公司股份，那就更不用说了。其他主动投资还包括持有租赁物业（小窍门：让岳父、岳母负责打理）和日内交易。

　　因为主动投资策略更耗费时间、精力，所以回报也应该比同等风险的被动投资更高。你投入的不仅是资金，还有时间，自然也要有所回报。而且，由于你的参与直接影响成败，还得好好想想这项投资能不能发挥自己的特长。我喜欢艺术，但对艺术市场一窍不通，也不想花时间去学，所以去苏富比拍卖行跟那些收藏家竞拍，对我来说可不是什么明智的主动投资。可我对飞机的了解比一般人深得多。几年前，我给一家做喷气发动机维修的公司投了一笔相当可观的资金。在这个投资上我花了不少时间，现在还得时不时照看，但我相信它能让我充分利用自己学到的专业知识。

分散型还是集中型，指的是投资风险组合的特点。这个概念在投资中至关重要，重要到我直接把这一部分的题目定为"分散投资"。简单来说，就是别把鸡蛋都放在一个篮子里。我持有苹果公司股票很多年了，这些年它创造了惊人的回报。但它仍然是一只风险很大的股票（高回报往往伴随着高风险），风险迟早会降临：很少有公司能长期保持领先地位（见图 12-2）。

2003		2023
1	Microsoft	2
2	GE	71
3	ExxonMobil	11
4	Walmart	13
5	Pfizer	28
6	Citi	82
7	Johnson&Johnson	9
8	IBM	68
9	AIG	216
10	MERCK	20

图 12-2　美国公司 2003 年与 2023 年 4 月市值排名对比

数据来源：《金融时报》、CompaniesMarketCap.com

分散投资，多元配置

分散投资是一种防御策略，但就像体育比赛一样，防守才能赢得冠军。这是因为投资有着根本的不对称性：你可以享受无限的收益，却无法从归零中恢复。高风险的投资资产——成长型股票、衍生品可能会令你血本无归。如果集中投资于类似资产，一次失误就可能让你倾家荡产。分散投资可以限制你的损失。诚然，它也会限制你的收益，但如果你在一笔投资中输光了，那就没有收益可言了。更重要的是，你不需要追求收益最大化。

这是个颠扑不破的真理。和媒体宣传的恰恰相反，投资的目标并不是成为世界首富。一个管理得当、风险分散的投资组合，就能为你带来实现财富自由所需的回报。当然，你也可以拿出部分资金去冒险，追求爆发式的收益。随着你在市场中积累经验，你会学会分辨真正的机会和那些虚张声势的"叫卖声"。一个安全、稳定增长的资产基础，能让你更有底气，用你最宝贵的资产——时间，去追求更大的机遇。这就是我在这本书开头提到的两条财富之路：最好的选择就是双管齐下。

集中精力提高当前收入。
分散投资积累长期财富。

分散投资，不是简单地持有不同资产，而是要持有不同风险属性的资产。还记得抛硬币的例子吗？那是一种简化版的风险，只考虑硬币哪一面朝上。但投资的风险可不是这么单一，而是多方面的。

就拿苹果公司来说，它面临着各种各样的风险：经济不景气，消费者可能就不愿意每两年花 1 200 美元买新手机了；库克总有一天会退休，他的继任者不一定有他那样的管理才能。这些（以及其他许多）风险，构成了苹果公司的风险状况。我们可以说，苹果"暴露"在这些风险之下。

我持有的苹果股票同样让我暴露在这些风险中。如果我把全部身家都押在苹果上，我的投资就太集中了，这等于我把自己的财务安全完全寄托在别人的决策上，这可不是什么好事。那怎么才能既享受到苹果带来的高回报，又降低那些我控制不了的风险呢？答案就是分散投资。

请注意，苹果公司面临的风险五花八门，既有非常广泛的宏观经济风险（比如经济增长放缓），又有超越苹果公司本身但对其影响尤为显著的地缘政治风险，还有完全源于公司内部的风险（如库克最终退休）。我把资金分散投到苹果和耐克，确实可以降低库克退休带来的风险，毕竟库克对耐克没什么影响。但这招儿治标不治本，我依然要面对国际市场带来的风险，毕竟耐克也高度依赖海外的生产和消费。更别提消费市场大环境的波动，毕竟这两家公司卖的都是"锦上添花"的非必需品。

事实上，在制造业或消费品领域，想完全避开海外市场可不容易，比如中国市场。就连哈雷摩托这样的美国本土品牌，很多零部件也得靠中国制造商供应。奢侈品巨头路威酩轩集团（LVMH）虽然大部分产品在欧洲生产，但其很大一部分销售额都依赖中国消费者。

所以，想平衡苹果这类公司的风险，与其选耐克，不如选能源公司——它们大多不太依赖海外市场，而且在经济低迷时它们往往表现更佳。或者，我们也可以考虑那些专注于本土市场的公司，比如家居建材零售商和房地产管理公司。

当然，选股这事儿说起来容易，做起来难。所以才有了共同基金这类投资工具，基金经理通过进行必要的研究和计算，帮你操心选股、分散风险，你只需付一小笔管理费（当然越低越好）。这种分散投资的理念源于投资组合理论，它在 20 世纪 50 年代兴起，当时经济学家终于能搜集足够的数据来评估复杂投资组合的回报了。

分散投资的意义可不仅仅是挑选几只不同的股票，而是要构建一个多元化的投资组合。股票作为一个资产类别（下面会有更多介绍），往往会同涨同跌，所以我们无论怎么选股，都无法完全规避股市整体的风险。

然而，故事在 20 世纪 80 年代出现了转折——分散投资的秘诀不再是秘密，机构投资者纷纷涌入全球各类资产。讽刺的是，这反而让分散投资变得更难了，因为资本的流动性让原本毫不相关的投资项目产生了联动。比如，澳大利亚铁矿石股票暴跌，可能会影响德国债券价格，这是因为在澳大利亚遭受损失的投资者，可能需要通过出售其持有的德国债券来筹集资金（以弥补损失）。尽管如此，分散投资依然是正确的策略，只是执行起来更难，效果可能也不如从前了。

总而言之，分散投资是一门艺术，也是一门科学，它能帮你扩大风险敞口，避免在一棵树上吊死，在变幻莫测的全球经济中屹立不倒。

分散投资是"防弹衣"

和很多人一样，我也是在惨痛的教训后才领悟到分散投资的真谛。曾经，我的投资过于集中。20世纪90年代末，我创办的电商公司"红色信封"赶上了互联网的风口，眼看就要上市了。那年我34岁，意气风发，甚至开始选购私人飞机，感觉自己战无不胜。然而，市场风云突变，首次公开募股泡汤了。公司陷入困境，我们更换了管理层，我和投资我们公司的风投产生了严重分歧（我这么说已经算是客气的了），但我还是选择留下来。2003年公司终于上市，可我不仅没套现，还追加了投资，完全被对品牌的感情冲昏了头脑。5年后，我对种种危险信号视而不见，最终在2008年公司破产时损失了70%的身家，而我从未预料到这一切。码头工人罢工、物流中心事故、富国银行突然撤销信贷额度，这些因素像一场完美风暴一样，在短短10周内击垮了公司。事实上，完美风暴虽然罕见，但它终究会发生。

我关于分散投资的第二个教训发生在2011年，那是我职业生涯中最糟糕的一次投资决策。那年，我大举买入了网飞的股票（对一个教授来说，这笔钱可不少），12美元/股（这么低的价格买入倒不是错误决策）。我当时非常看好这家公司的愿景和管理层，也自认为对媒体行业和流媒体的颠覆性力量有深刻的洞见。然而，市场并不买账，6个月后，我为了年底避税，以10美元/

股的价格卖掉了所有的网飞股票。在接下来的 10 年里，每当我看到手机屏幕上跳出那个绿色的 NFLX 代码，我都感觉五脏六腑在翻腾——尤其是在网飞股价涨到我当初买入价 50 倍的时候，那滋味别提多难受了。不过，虽然像胸口挨了一枪，但我还活着，因为我穿了"防弹衣"——我的投资组合里除了网飞，还有苹果、亚马逊和耐克，这些股票在那段时间也涨势喜人（虽然比不上网飞）。虽然卖掉网飞让我损失惨重，但多亏了分散投资，我才没被彻底击垮。在投资的世界里，意外随时可能发生，你要做的就是让自己有足够的防御力来扛住这些打击。没有人能幸免，毕竟很少有人会把自己的失败晒出来，但失败无处不在，每个人都得承受。

投资的艺术是"随机漫步"

几年前，在伯克希尔·哈撒韦公司的年度股东大会上，巴菲特放出豪言，愿意和任何人赌 100 万美元，赌标普 500 指数（可以简单理解为股票市场整体表现的晴雨表，我将在标题为"衡量经济的指标"的小节进行详细介绍）在未来 10 年内能跑赢任何一位主动投资者。[1] 一家名为 Protégé Partners 的投资公司应声下注。Protégé Partners 精挑细选了 5 只主动基金，并且在接下来的 10 年里，不断淘汰表现不佳的基金，换上他们认为更有潜力的选手。

第一年，这 5 只基金的回报率都大幅击败了标普 500 指数，可谓大获全胜。然而，风水轮流转，从 2009 年开始，标普 500

指数就开启了连胜模式，一直赢到了 2017 年。最终，标普 500 指数的总回报率高达 126%，而 Protégé Partners 的基金组合回报率只有 36%。这场赌局原本要到 2017 年年底才见分晓，但到了那年夏天，巴菲特已经遥遥领先[2]，Protégé Partners 只好提前认输。

巴菲特的故事是华尔街不愿提及的秘密。因为一旦你明白几乎没人能长期战胜市场，那一大批股票经纪人、对冲基金经理和投资顾问就得另谋高就了。这就是市场中公开的秘密：长期来看，无论你学富五车、财力雄厚还是你的团队人才济济，都无法战胜市场。当然，短期内跑赢大盘并非不可能。2021 年，很多人就靠着加密货币和迷因股票①赚得盆满钵满，这些资产的涨幅一度远超大盘。我 11 岁的孩子也买了狗狗币，当时他简直是投资天才，直到市场崩盘。到了 2022 年，高达 3/4 的加密货币投资者都亏了本。[3]而与此同时，美国股市依然稳扎稳打，保持着不温不火的上升趋势。

别光听我说（或巴菲特说），数据最有说服力。过去 20 年，94% 的大盘股基金业绩都不如标普 500 指数。[4]同期，股票型基金平均回报率为 8.7%，而标普 1500 综合指数的回报率为 9.7%。[5]一项研究还发现，15 年来，只有半数美国主动管理型股票基金得以幸存。[6]

普林斯顿大学经济学教授伯顿·马尔基尔的《漫步华尔街》一书，可谓是关于这个话题的奠基之作。马尔基尔认为，资产

---

① 迷因股票是被散户投资者在社交媒体上广泛讨论，且在短时间内趋势很强的股票。——编者注

价格（尤其是股票价格）遵循"随机漫步理论"，也就是说，长期来看，股价走势是无法预测的。所以，选股就像"随机漫步"，根本不值得你费心。这本书写于1973年，至今已再版13次，最新版在2023年出版，其中还讨论了谷歌、特斯拉、SPAC（特殊目的收购公司）和比特币等新兴事物。然而，结论始终如一：长期来看，主动投资跑不赢大盘。（这些讨论主要针对股票，但结论也适用于其他资产类别——在任何市场中，主动型个人投资者都很难战胜多元化的被动指数。）

这就引出了两个问题。第一，那巴菲特呢？这位"奥马哈先知"不是公认的投资大师吗？他这些年不都跑赢市场了吗？第二，斯科特，既然你都说主动投资注定要输，那为什么还让我这么做？

有几点需要注意。第一点，把所有鸡蛋都放在标普500指数这一个篮子里〔虽然可以通过ETF（交易所交易基金）实现，这点我会在这部分后面讲到〕并不是明智之举，因为除了追求长期回报最大化，你还得考虑其他因素。股市大盘波动剧烈，2000—2022年，标普500指数有7年都出现了下跌，其中3年的跌幅更是超过20%。在上一部分"时间"里我们提过，如果你在未来几年内需要动用这笔钱，那么波动性大的投资就不太合适。比如，你有10万美元准备买房，要是全投进了标普500ETF，等你要用钱的时候，它很可能已经缩水了，说不定还缩水不少。

虽然被动、多元化的投资能帮你实现长期回报，但你也得学会如何降低中期资金的波动风险。此外，就算你想把所有钱都投进标普500指数，也不太现实。买房本身就是一项重要的房地产投资，你可能还有机会投资私人企业，比如你所在的公司，或者自己创业。虽然大盘指数的风险回报比最优，但随着财富的积累，你也可以考虑适当承担更多风险，以获得更高的潜在回报。当然，要想精通理财，光看点儿金融市场的书可不够，还得真正理解金钱是怎么回事。

第二点，即使你选择主动投资，也未必会输。所谓"随机漫步"假说的强形式，即认为股价完全无法预测，其实颇具争议，在我看来也有点儿言过其实。市场价格是市场这个"投票机"的产物，反映的是人类的判断，而人类的判断往往是非理性的、信息不全的。敏锐而理性的观察者有时也能发现价格与价值的背离，并从中获利，尤其是在他们有耐心长期持有资产的情况下。俗话说得好："投资成功的关键不是择时，而是坚持。"

巴菲特毕生的投资策略就是如此。他用 100 万美元打赌，那些高度活跃的投资策略，即投资者频繁买卖股票或其他资产，试图从短期价格波动中获利，是行不通的。另外，虽然巴菲特确实通过伯克希尔·哈撒韦公司购买上市公司股票，但伯克希尔·哈撒韦本质上是一家实业公司，它全资拥有众多企业并负责管理。事实上，巴菲特虽然以平易近人的形象和通俗易懂的投资名言著称，但本质上，他掌舵的伯克希尔·哈撒韦是一家保险公司，一家利润极其丰厚的保险公司，只不过它会将赚到的钱投到其他行业，以此实现多元化经营。

以上这些，就是投资的基石：风险与回报、分散投资，以及试图"跑赢大盘"的徒劳（在大多数情况下）。

第十三章

聪明投资者的手册

要想真正了解你的投资选项，并最终制定出靠谱的投资策略，你得先搞懂"资本"这个概念，以及它所驱动的经济体系——资本主义。在接下来的几页内容中，我将简明扼要地勾勒出资本主义体系的全貌。这里提到的每个概念，都可以单独拎出来写本书，我在这方面的知识水平也是参差不齐，跟大家一样——没人能对整个经济体系了如指掌。不过，想成为成功的投资者，你也不用样样精通。这些概念虽然复杂深奥，但并不妨碍你掌握它们的大致轮廓，最重要的是，搞清楚它们如何在资本主义体系中相互作用。只有站得高、看得远，才能看清这个体系的内在联系。对经验丰富的人来说，这些内容可能有点儿过于基础或简化，但市面上太多投资建议故弄玄虚，把简单的事情复杂化，而真正重要的其实是那些基本概念。

用时间换金钱

万物皆有需求。植物需要水和阳光，毛毛虫需要树叶，人类的需求更是五花八门。我们的经济体系很擅长不断创造新的"需求"。然而，在疯狂的消费主义背后，是我们无法逃避的基本需求：食物、住所、陪伴。在自然界中，父母会照顾后代，有些物种也进化出了合作的习性，但大多数时候，每个物种都依赖靠自身的努力获取所需。

人类则更进一步。我们拥有想象力，能预见未来，还能通过复杂的语言进行交流。正因如此，我们不仅能互相交换所需之物，而且能交换我们最宝贵的资源——时间。我希望你这样理解金钱：它是我们用来交换时间的媒介。

想象一下，一个工厂的工人每天工作 8 个小时、每周工作 40 个小时，到周末，老板付给他薪水。这就是时间换金钱最直接的体现。（经济学家可能会抬杠说，老板付钱买的是工人的劳动，没错，但工人付出的本质资产是时间，他的劳动只是让时间对老板有价值。）

这个工人拿着钱，下班路上拐进酒吧，花 10 美元买了两杯啤酒。表面上看是这样，但深层次来看，他是在用在工厂的劳动时间，换取别人酿啤酒的劳动时间，换取酒保和大麦农民的劳动时间。这 10 美元里，一小部分会分给打扫酒吧的清洁工，以及保护酒吧安全的警察和消防员。剩下的，如果还有的话，就是对酒吧老板抽出时间经营酒吧的回报。

金钱，作为交换时间的媒介，释放了比较优势，让人们得以术业有专攻。亚当·斯密曾用一个针厂的例子生动地说明了专业化的力量：如果 10 个人各自独立制作大头针，一天能做几百个就不错了。但在斯密参观过的一家工厂里，10 个人分工协作，每人只负责大头针制作流程中的一小部分，结果一天能生产超过 48 000 个大头针。[7] 酒吧也是如此，一个人单打独斗，根本不可能创办并运营一家酒吧，或者餐馆，或者几乎任何现代生活的标志。专业化是我们经济的基石——人们专注于把一件小事做到极致，比如写书或者修化油器，然后用这段时间换取金钱，再去购买别人用时间创造的产品。

几个世纪以来，经济学家一直在争论这种交换的本质，以及商品中蕴含的劳动与商品价格之间的关系。不过，对我们来说，这些争论并不重要。金钱是我们交换时间的工具，它的价值在于，别人愿意用他们的时间，或者用时间创造的商品，来换取你的金钱。其他的都是细枝末节。

供需市场

时间有价，万物亦然，但并非所有时间或事物的价值都完全相等。高中毕业那年的暑假，我在一家工厂安装货架，时薪 18 美元。而足球巨星 C 罗按照他与利雅得胜利队的合同，平均每小时能赚 250 万美元。[8] 相对而言，我的工资其实太高了，因为我安装货架的水平实在不怎么样。

有交易就有价格。一瓶冰镇啤酒多少钱？在工厂干多久才能挣到买啤酒的钱？在运转良好的经济体中，为每一笔交易找到合适的价格，是保持经济齿轮正常转动的关键，而这也是一项极其复杂的任务。工厂付给工人的工资不能太高，这样才能以有吸引力的价格生产出产品——而这个价格又取决于顾客的收入水平，也就是他们工作时间的价值。同时，工人的工资也不能太低，得让他们买得起生活必需品，还能偶尔满足一下自己的小愿望。

我们常说的"自由市场经济"，其核心特征就是主要依靠供需市场这只"看不见的手"来调节价格。与之相对的是"计划经济"，由中央机构（通常是政府）来定价。虽然计划经济听上去很美好，但没有哪个国家能大规模成功运作。也许未来会有成功的案例，但本书讨论的是现实世界，21 世纪的全球经济（基本上）还是以市场为基础的。

每笔交易都离不开供需。比如，能立刻治愈癌症的药丸，需求量肯定巨大，但如果根本没有，也就谈不上价格。就算真有这样的"神药"，但每天只能生产一颗，那其价格肯定是天价——估计得数亿美元。但高价会吸引竞争者入场，随着药丸的产量增加，其价格也会下降（除非有监管干预，比如利益集团游说政府限制供应）。如果药丸多达几千万颗，它的价格就会跌到谷底。价格往往会在供需平衡点上趋于稳定——高到足以鼓励生产，低到足以刺激需求；高到能赚取利润，又低到不会引来大批竞争对手。

这种价格的稳定是通过市场充当"价格发现机制"实现的。市场参与者通过不断试探和博弈，最终找到了供需平衡点。所以，与其说市场价格是被"设定"的，不如说是被"发现"的。

我们把价格能多大程度反映真实的供需，称为市场的"效率"。而信息的流通是影响市场效率的关键：当所有市场参与者都能获取彼此的完整信息时，均衡价格很快就会出现。一般来说，当交易成本低、交易量大（能产生大量供需信息），以及交易对象是像黄金这样标准化、可互换的商品时（这样就能用过往的交易数据预测未来），市场效率往往更高。而对于艺术品、劳动力这类具有差异性、质量不一的商品，市场效率就相对较低。

低效的市场会催生"套利"行为。所谓套利，就是中间商从不了解市场行情的卖家那里低价买入商品，再高价卖给不了解行情的买家（或者因为地域、文化等因素无法直接交易的买家）。

20 世纪八九十年代，李维斯牛仔裤，尤其是经典的 501 款，在欧洲和亚洲的价格远高于美国。李维斯公司成功地将 501 打造成这些地区的时尚单品，并刻意控制供应量，导致供不应求，零售商在国外可以将牛仔裤卖到 100 美元甚至更高的价格，而在美国只能卖 30 美元。李维斯的市场之所以低效，就是因为美国明明有充足的货源，却无法流通到欧洲和亚洲。在这种情况下，一种蓬勃发展的套利贸易应运而生，除了分销商偷偷把原本要运往美国的牛仔裤转运到国外，还有"行李箱贸易"：外国游客在美国疯狂囤李维斯，他们将李维斯带回国自己穿或者转卖。李维斯是我最早的咨询客户之一，当时我们有个项目，就是帮他们搞清楚这种套利贸易的规模。我们派人到美国东西海岸的机场，采访那些即将飞往欧洲和亚洲的旅客（"9·11"恐袭事件之前机场的安检没那么严格）。我们问他们有没有在美国买李维斯牛仔裤，买了多少条，打算怎么处理。结果发现，相当大比例的旅客行李箱里都有李维斯，而且很多人打算回国后转卖。

套利行为让市场变得更高效，因为每笔交易都会给市场带来更多信息，让供需关系更紧密。李维斯 501 牛仔裤的例子就是这样。外国游客的套利行为增加了美国市场的需求，从而推高了价格，而他们回国后转卖牛仔裤又增加了当地市场的供应，从而压低了价格。电子商务的兴起，更让人为制造的低效市场难以为继。如今，经典款 501 牛仔裤在全球售价基本在 90 美元左右，相当于 1990 年的 40 美元。

资本与金融市场

前面说的这些，就是经济活动的基本逻辑。人们用时间换金钱，再用金钱购买商品，而商品又是别人用时间和金钱换来的。这些交换行为发生在各种各样的市场中，既有像超市这样的实体市场，又有像"劳动力市场"这样的抽象市场。劳动力市场虽然只存在于统计数据中，却是真实存在的，对大多数人来说，它都是生命中某个阶段会参与的重要市场。不过，我们还得深入探讨一类特殊的市场，因为大多数投资活动都发生在这里，那就是金融市场，也就是金钱交易的市场。

金融市场让金钱不再只是交换媒介，而是摇身一变，成为资本这个超级英雄。之前我说过，资本就是"钱生钱"。但这究竟是什么意思呢？任何一个组织，无论是小企业、大公司、政府还是慈善机构，都有各种各样的资产来实现自己的目标。比如，一家酒吧需要酒、杯子、啤酒龙头、家具，以及现金来购买这些东西、支付员工工资和房租。这些都需要花钱，但如果有个能干的酒吧老板来经营，这些资产组合在一起就能产生更大的价值，而且这个价值是可以衡量的，即酒吧用这些资产赚取的利润。所以，资本就是能带来更多收益的钱。

正如其他市场会为商品定价一样，金融市场也会为资本定价。比如，酒吧老板想开第二家店，就需要更多资金。最简单的办法就是去银行贷款。这就是一笔典型的金融市场交易：酒吧老板拿到一大笔钱，承诺将来连本带利还给银行。其中的差价就是我们常说的"利息"，但本质上，它其实是金钱的价格（或者更深一层，是时间的价格）。利息通常用百分比来表示，也就是"利率"。如果银行给酒吧老板的 10 万美元贷款利率是 8%，那他每年就得付 8 000 美元利息才能使用这笔钱。不过，只要酒吧老板能靠着新店赚到足够的钱，付完利息后还能有盈余，这笔贷款就是划算的。

像这样简单的银行贷款，只是金融市场上众多"钱生钱"交易的一个缩影。但万变不离其宗，所有的交易都遵循着同一个基本原则：你给钱，对方承诺将来还你更多的钱。如果是贷款，差价叫利息；广义上说，这个差价就是"回报"。"投资"就是给钱的一方（投资者）能获得利润回报的一种资金转移。而交易的另一方之所以愿意支付这笔利润，是因为他们相信，自己能把这笔钱当资本，赚到比给投资者的回报还要多的钱（比如，酒吧老板赚到的钱超过了 8 000 美元的利息）。当这种模式奏效时（在健康的经济体中，大多数时候都能奏效），这些交易会为双方创造价值，从而推动经济增长。这一点很关键：投资不是零和博弈，而是可以把蛋糕做大。

看到这里，你大概明白我要说什么了。投资是个好买卖：你把钱给别人，过段时间就能连本带利地拿回来，如此反复，你的钱就能像滚雪球一样越滚越大。这个过程持续不断，稳步推进。就像奥利佛·斯通的电影《华尔街》里那个经典角色戈登·盖柯说的："金钱永不眠。"

不过，偶尔也有"金钱长眠不醒"的时候，这意味着你的钱打了水漂。这时候，"信用质量"就显得尤为重要。贷款方必须评估借款人是否有能力还钱，或者是否有抵押物可以用来抵债。借钱容易，难的是评估借款人的信用。

然而，想明智地投资，光了解资本的基本原理还不够。投资是在金融市场这个大环境中进行的，而金融市场有三大主要参与者：公司、银行和其他金融机构，以及政府。

公司

说到投资，我们首先想到的通常是购买公司股票。这很自然，因为公司是经济中资本的主要使用者，它雇用了大量员工，生产了大部分商品，提供了大部分服务。

纵观人类历史，私营企业大多规模很小，比如家庭农场、铁匠铺、鞋匠铺等。而那些更宏大的事业，比如军事行动或修建道路，通常都是政府或宗教机构的职责。到了 19 世纪，随着工业生产的兴起，私营企业也需要扩大规模。工厂需要几十甚至几百名工人，这远远超出了一个家庭或小团体所能提供的劳动力。于是，雄心勃勃的企业家需要一种方式来集中资源。然而，集中资源，尤其是在大量互不相干的人之间，会产生一系列问题：如果企业成功了，那么利润怎么分？如果失败了，那么谁来负责提供更多的资金？最关键的是，谁说了算？为了解决这些难题，公司这一组织形式应运而生，并不断演变。

公司是一种法律实体。它没有实物形态，不是一座建筑，也不是一群人。但它具有法律人格，可以拥有财产、签订合同、借贷资金、起诉或被起诉，还得纳税。当然，它和自然人还是有区别的，比如公司不能投票，也不能结婚生子。但在商业活动中，公司几乎可以取代个人企业主，行使一切职能。

公司内部都有成文规定，其称为公司章程，规定了决策权的归属。这些规定具有法律效力，可在法庭上强制执行，不过事情很少会走到那一步。公司高管可以根据章程授权，把决策权下放给经理，雇用、解雇员工，分配公司资金。章程还规定了层层监督和问责机制。这些都让公司有别于个人，使其决策更具可预测性、透明度和理性——至少理论上是这样。就像银行能把短期存款转化为长期贷款一样，公司也能通过"集体智慧"，将人类的感性情绪转化为深思熟虑的决策和行动。

公司的特点，比如法律地位和组织架构，决定了它的使命，也赋予它调动大量资本的能力。而为公司提供资金，正是金融市场的主要功能之一，甚至可以说是核心功能。至于这具体如何操作，我稍后会在讨论股票和债券时详细介绍。

银行和其他金融机构

经营实体（包括公司和个人）并不直接参与金融市场，而是借助银行和其他金融机构的服务。这些机构主要分为 4 类：零售银行、投资银行、证券公司和投资公司。不过，这些分类之间的界限并不明确，大型银行如摩根大通和美国银行往往同时涉足这四大领域。

最基本的业务是传统银行，通常也被称为零售银行。简而言之，零售银行从一类客户那里吸收存款，再将这些资金贷款给另一类客户。零售银行的利润主要来自支付给存款客户的利息和向贷款客户收取的利息之间的差额（再加上各种手续费）。

大多数人在最初接触零售银行时，都是它的第一类客户——我们将资金以存款的形式借给银行，部分原因是赚取利息，但更重要的是，银行能为我们的资金提供一个安全的存放场所。经典的银行形象是一座宏伟的大理石建筑，内设巨大的金库，这是有原因的，银行向储户传达的核心价值便是钱放银行比藏在家里更安全。既然银行已经持有资金，为了提升资金保管服务的吸引力，银行还承担起了金融交易的职能：提供和处理支票，进行电子支付并接受电子存款。这些服务不断地被新兴机构重新定义和争夺——例如，电子支付已经抢占了一部分交易业务。加密货币的拥趸更是声称，科技将使我们每个人都成为自己的银行。然而，安全便捷地持有资金是任何经济系统的基本要素，这项服务在很大程度上仍由零售银行提供。

我们中的大多数人也属于第二类客户，即从银行借款的人。银行主要通过这些贷款的利息获利，而贷款本身也是新资金注入经济的方式。贷款形式多样，从简单的无抵押贷款（纯粹基于未来还款承诺），到复杂的协议（随时间推移包含各种义务和承诺），不一而足。住房抵押贷款是一种银行贷款，被称为担保贷款，因为如果你不按时还款，银行就可以通过出售你的房屋来收回资金。信用卡账户也是一种银行贷款，其被称为循环贷款，你可以根据自己的时间表随时借入和偿还。

除了零售银行，还有一种完全不同的银行，即投资银行。像高盛和摩根士丹利这样的投资银行，其将金融咨询服务与资本管理相结合。它们为客户提供大型复杂金融交易的咨询服务，并通过部署自有资本（通常是暂时性的，直到找到其他投资者）来促成这些交易。此外，它们还在金融市场上交易自有资本和客户的资本。

证券公司（券商）帮助客户买卖股票、债券等金融产品。买卖股票是其最常见的业务，但它们也参与其他金融产品的交易。很多银行（包括零售银行和投资银行）也提供类似的经纪服务，此外，还有一些专门做这类业务的大公司，比如传统的嘉信理财，以及像 Robinhood 和 Public 这样的新兴在线券商（我本人投资了Public 这家公司）。

总之，投资公司汇集客户的资金，进行自主投资，并从那些风险与回报不平衡的投资项目中获取利润。投资公司的种类繁多，全球大量的金融资本都是通过它们进行投资的。你很可能已经通过某些投资公司持有投资产品了——例如，401(k) 养老金计划就是由富达等投资公司管理的。

一些投资公司专注于特定类型的投资。比如，风险投资机构专门投资初创企业。还有一些公司专注于服务特定类型的投资者：先锋集团和富达通过汇集小额投资者的资金，以多种方式进行投资，为他们提供服务。对冲基金则服务于富裕的个人和机构，通过承担不同风险和潜在回报的投资策略进行积极而集中的押注。还有一些投资公司专注于特定的投资技术或理念：伯克希尔·哈撒韦公司秉承其创始人巴菲特的投资原则，对那些稳定且具有长期发展潜力的企业进行大规模、长期的投资。高频交易员则利用海量的计算资源和复杂的算法，试图从极短时间内的微小价格波动中获利。

过去几十年来，一个重要的趋势是"私募"的重要性日益增加，即除了向公众发行股票之外的其他融资渠道。某些类型的投资公司规模变得更大，数量也越来越多。例如，风险投资在一代人之前还只是个小众领域，如今却发展成一个每年有数千亿美元投入的庞大市场。对没有数百万美元可投资的个人投资者来说，在这些领域获得创造财富的机会更加困难，但市场总是在不断创新。我将在后续的资产类别讨论中更深入地探讨这一点。

政府

金融市场中还有一个重要参与者：政府。政府扮演着两个至关重要的角色。

政府的第一个角色是为市场运作制定了许多基本规则，并通过监管措施、诉讼，甚至在极少数情况下通过实物扣押和监禁来执行这些规则的主体。此外，政府还通过税收政策来影响投资决策的方向。金融服务业的许多人往往认为，他们的行业与政府处于两个截然不同的领域，而且是一个更高效、更值得尊敬的领域。然而，这只是他们的一厢情愿。

金融市场的可靠运作完全依赖政府建立和执行游戏规则的权威。如果没有政府权威，市场就会陷入混乱，充斥着诈骗、毁约和明目张胆的盗窃（比如 2022 年前后的加密货币市场）。虽然没有一个政府能完美履行这一职能，而且很多政府做得不怎么样，但每个市场都依赖政府监管来建立必要的信任，让参与者放心交易。

其中比较有争议的一点是，政府要不要出手救助那些陷入困境的市场参与者。大多数观察家都认为需要一定程度的援助。比如，美国联邦存款保险公司给储蓄和支票账户的存款提供保险（我写这篇文章的时候，最高保额为 25 万美元，以后可能会提高），而且有权接管那些快撑不住的银行，以防止大家挤兑引发更大的危机。大家都觉得这挺好的。不过，在 2008 年和 2020 年，美国政府"救助"银行、航空公司、汽车公司等，争议就很大了。说到底，没有哪个民选官员愿意在自己任期内看到经济崩盘，所以他们总想出手干预。而且，那些被救助的机构在华盛顿的影响力也越来越大。

政府的第二个角色是金融市场的主要参与者。迄今为止，美国政府是全球最大的单一金融资本池。在我写这篇文章的时候，美国国债持有者已经向美国政府投资了近 25 万亿美元。⁹这几乎跟投在纽约证券交易所所有公司的资本总额相当。这使得政府成为资本市场最重要的参与者之一，像一头巨鲸，其一举一动都会在市场上掀起波澜。

政府在金融市场中最活跃的部门是中央银行，在美国就是美联储。美联储是美国政府的"管家"，负责管理政府存款和支付。它还监管商业银行，提供投资者依赖的关键数据，并在银行系统中进行借贷。美国财政部负责发行政府债券，包括美国证券交易委员会、美国劳工部和美国商务部在内的一系列机构则负责监管和协助金融市场的各个方面。

衡量经济的指标

金融市场还有一个基础知识，投资者必须了解：如何衡量经济的运行状况。无论是买股票还是买房，每个人的投资决策不仅取决于投资品本身的情况，也受到整体经济环境的影响。为了帮助大家更好地把握经济形势，经济学家们开发了一套被广泛使用的指标。顺便提一句，这也是政府的一项重要工作。政府利用其法定权力搜集海量数据，然后用投资者和纳税人的钱来处理这些数据，并免费向公众发布。有几个美国政府网站是投资者的必备资源，比如美国劳工统计局、美国商务部和美联储的经济数据存储库。

用来衡量经济运行状况的指标有几十种之多，其中一些广受关注，还有一些比较小众。下面介绍一些既值得了解，又在财经媒体上经常出现的指标：

GDP（国内生产总值）。这可以说是所有经济指标之母。它衡量的是一个国家在一年内生产的所有最终商品和服务的总价值。GDP 并非经济体的全部价值，而是衡量其年产出的一个指标，类似一家公司的年收入。

GDP 的计算方法有很多种，实际的数据搜集和分析过程相当复杂，但这些细节对普通投资者来说并不重要。事实上，GDP 本身的数值并不重要，重要的是它的变化率。如果 GDP 持平或下降，那么在这个经济体中进行的投资就无法产生正回报，这会打击投资者的信心，抑制未来的投资，从而阻碍经济增长。当GDP 连续几个季度下降，且其他经济指标也表现不佳时，经济就被认为进入了"衰退"状态。在极少数情况下，比如 20 世纪 30 年代，美国的 GDP 连续多年下降，这种情况则被称为"萧条"。

CPI（消费价格指数）。这是衡量一篮子商品和服务价格的标准指标，反映的是这些商品和服务价格随时间的相对变化，通常是上涨，也就是我们常说的"通货膨胀"。通货膨胀通常以年度百分比的形式呈现，比如媒体报道通货膨胀率为 4.5%，意思就是现在的消费价格指数比 12 个月前高了 4.5%。不过，正如我在上一部分中提到的，不是所有商品和服务的价格都以同样的速度变化，经济学家会将消费价格指数细分为不同的类别，以便更深入地了解通货膨胀的具体情况。

消费价格是一个关键指标，原因如下：消费支出是经济活动的主要驱动力，而物价的快速上涨会抑制消费，减缓经济增长。对投资者来说，更直接、更实际的担忧是，通货膨胀是美联储负责调控的两个指标之一（另一个是就业，我们稍后讨论）。美联储的通货膨胀目标是 2%，当通货膨胀率开始明显高于这个目标时，美联储通常会通过提高利率来应对，也就是让借钱变得更贵。这会对整个经济产生深远的影响。

失业率。失业率也是一个重要的指标，虽然听起来有点儿让人沮丧——我们完全可以只关注就业率，这样听起来会更积极一些，但无论用哪种方式，我们都在衡量劳动力市场的供求关系。当失业率低的时候，说明劳动力供不应求，这时候劳动力价格，也就是工资，往往会上涨。

"充分就业"这个词其实有点儿误导人，它指的是劳动力市场供需平衡时的失业率。这个数字并不固定，但经济学家通常认为 5% 左右的失业率就代表"充分就业"了。想想也对，总会有一些人处于失业状态：刚辞职或者被解雇的人、初次进入职场的人，或者重新开始找工作的人。

低失业率当然是好事，短期内还能刺激经济增长，因为大家手里都有钱可以花。但如果失业率太低（低于 5%），就会出现职位空缺、工资上涨的情况，进而推高物价，导致通货膨胀和经济产出下降。高失业率对一些企业来说短期内可能有利，比如快餐店和一些零售商，因为它们有很多低技能或半熟练工人，劳动力供应充足会降低这些企业的工资成本，减少其运营开支。但从长远来看，高失业率会抑制消费，拖累经济增长。和通货膨胀率一样，美联储（以及其他国家的央行）有责任将失业率控制在合理范围内，一旦发现失业率过高或过低，它们就会通过调整利率来干预。

利率。利率是我在前文中提过好几次的概念，它指的是资金的成本，或者更具体地说，是贷款的成本。但投资者不仅关心自己投资的利率，也关心其他人支付的利率。利率就像地心引力一样，时刻影响着每个人、每件事，利率越高，对经济增长和企业利润的压力就越大。

不像失业率或 GDP 那样只有一个综合指标，"利率"其实有很多种。分析师和财经媒体会报道各种金融产品的利率，比如 30 年期固定利率抵押贷款、7/10 可调利率抵押贷款、3 个月商业票据、10 年期国债、存款证等，简直让人眼花缭乱。这些具体的利率对大多数人来说并不重要，除非你正好要买房或者投资这些产品，才会特别关注它们的利率。更重要的是，你要了解这些利率之间的关系，尤其是它们都如何围绕着一个特定的利率来变动，这个利率就是联邦基金利率，它在某种程度上是由美联储来设定的。

美联储是美国政府的"钱袋子"，负责管理政府资金和提供交易服务等。但别忘了，政府既是经济中最大的参与者，也是"裁判员"，这种特殊关系赋予了美联储（以及其他国家的央行）在金融市场上的超能力。每天，银行都要处理数以亿计的资金交易。为了保证有足够的资金，它们会相互借钱，或者向美联储借钱，期限都很短，通常是隔夜。美联储会通过一系列政策工具和沟通手段引导银行，让这些贷款的利率达到一个目标水平，这个目标利率就是联邦基金利率。当媒体报道美联储"加息"时，指的就是美联储提高了联邦基金利率。

那么，为什么联邦基金利率如此重要呢？因为它实际上是所有其他利率的"基准"。这不是政府硬性规定的，而是由更强大的力量——供求关系规律决定的。想象一下，你是一位银行行长，手头有1 000美元想贷出去。最安全的选择是什么？当然是把钱存到美联储的金库里，或者借给美联储支持的银行。投资美联储就等于投资美国政府，美国政府有300年的偿债历史，有权向全球最大的经济体征税，实在不行，每年还有7 000亿美元的军费预算可以动用。借钱给"山姆大叔"基本上是零风险的。打个比方，如果美国政府给你3.5%的利率，你肯定不会傻到以更低的利率借给别人，因为其他人肯定比美国政府的风险更大。这个3.5%就是所谓的"无风险利率"。当有客户上门想借1 000美元时，你会根据他们的贷款风险，收取比无风险利率更高的利息。如果美联储把联邦基金利率提高到5%，那么没有人能获得低于这个利率的贷款。

每笔贷款在"利率之梯"（见图13-1）上都有自己的位置，而美联储设定了最低的一级。在政府和大银行之后，那些规模大、盈利能力强、债务不多的公司风险最低，因此它们能以接近联邦基金利率的水平获得贷款。而那些财务状况不太好的公司，借钱的成本自然会更高。这些贷款有时被称为"垃圾债券"，这个词虽然形象，但其实有点儿误导人——这些公司仍然有还款能力，

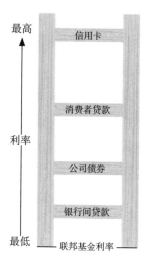

图 13-1　利率之梯

最高

利率

最低

信用卡

消费者贷款

公司债券

银行间贷款

联邦基金利率

只是不如那些更稳健的公司罢了。申请住房贷款或汽车贷款的消费者带来的风险仍然较高，但也不至于太糟糕，因为他们有房子或车子作为抵押。风险最高的是那些没有抵押品的消费贷款，比如信用卡。当美联储加息 0.5 个百分点时，其影响会像涟漪一样向外传递。而且，这种影响不是均匀分布的，越往外影响越大。大公司的贷款利率可能只会上升不到 1 个百分点，而信用卡利率可能会猛涨几个百分点。

关于利率，还有一点需要补充。由于利率通常是很小的数字，即使是很小的变化也会产生很大的影响，因此分析师们往往对细微的变化很感兴趣，你经常会听到他们用"基点"来衡量利率。一个基点是百分之一的百分之一，也就是 0.01%。比如，将利率从 1.5% 提高到 1.8%，就是提高了 30 个基点。有时候，为了让自己听起来更专业，我会把基点称为"bips"，就像那些金融大咖一样，说："我觉得美联储明天会降息25~50个基点。"说起来，这"bips"的发音和拉丁语的"败家子"有点儿像，不禁让我想起自己当年把工作第一年的奖金全砸在一辆宝马车上了，而且我一点儿都不后悔。

股票指数。最后一项指标是股票指数：道琼斯指数、标普500指数和纳斯达克指数是最受关注的，还有很多其他的股票指数。

其中最古老，也最独特的是道琼斯工业平均指数，通常简称"道指"。几十年来，道指一直是股票市场的"老大哥"，这充分说明了"先下手为强"的道理。道指由查尔斯·道在1896年推出，最初是几十家大型制造业公司股票价格的总和，再除以一个叫作"道琼斯除数"的系数。这个系数是查尔斯·道自己发明的，用来解决股票价格计算中的一些细微差别。不得不说，用这种方式来评估股市状况，还真是有点儿"独树一帜"。标普500指数可以说更合理一些，它是500家美国最大的上市公司的市值加权平均数。纳斯达克综合指数的覆盖范围更广，涵盖了在纳斯达克交易所上市的所有股票的市值加权平均数。不过，这个指数也有点儿"偏科"，因为纳斯达克在20世纪80年代和90年代因科技股崛起而闻名，所以其中科技公司的权重比较高。

在实际情况中，尽管计算方法各不相同，但这3个指数的走势往往是同步的，不过纳斯达克指数的波动更大，而且在过去几十年里的表现优于其他两个指数，这主要是因为科技股的快速增长（见图 13-2）。

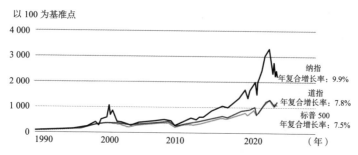

以 100 为基准点

图 13-2　纳指、标普 500 和道指的业绩表现

数据来源：Rogo

关于这些指数，有几点需要说明。首先，它们很重要，因为它们反映了投资者对大公司增长潜力的信心，但它们的重要性远没有媒体报道的那么高。最重要的是，它们只是股市的部分指标，而不是衡量整个经济的指标。大部分经济活动是由那些没有被纳入这些指数的公司进行的，而且没有一个单一的指标可以完全反映像经济这样复杂的系统。我们可以把股市想象成一条被拴着的狗，而经济就是牵着狗绳的人。虽然遛狗的终点是固定的，但狗（股市）可能会在路上来回跑，让人误以为它要往别的方向走。

其次，这些指数为投资者提供了一个重要的参考基准，它们可以用来评估投资回报。在投资市场上，每个人都希望自己的投资能获得最好的回报，所以应该把自己的投资跟市场平均水平比较一下。当我们说某只股票"跑赢大盘"或"跑输大盘"时，指的就是它相对于股市指数的涨跌幅度。通常，我们会用纳斯达克指数来衡量科技股，用标普 500 指数来衡量其他股票。当然，如果你想更细致地比较，还有几十个指数可供选择，它们主要按行业分类，有的也按公司规模和其他因素分类。每当有人告诉你某家公司的股票今年涨了或跌了多少，你的第一反应应该是跟大盘比一比。需要注意的是，从长期来看，市场指数的表现通常要好于单个公司的"平均"表现，这是因为存在"幸存者偏差"——那些表现不佳的公司会从指数中剔除，取而代之的是更成功的公司。记住，长期来看，很少有人能跑赢大盘。

估值与资金的时间价值

市场指数反映了其涵盖公司的价值。估值是每个投资决策的核心。每一次投资机会都是购买一项资产的机会：一只股票、一块金条、一套三居室的学区房。投资者的挑战在于，如何以低于或等于其价值的价格购买它。

价格与价值

价格和价值并不是一回事。资产的价格通常很容易看到，就是它在市场上能卖多少钱。股票价格在交易所实时更新，房价记录在税务档案中，资产的价值则在于它未来能产生多少收益。

不同的买家对同一项资产的估值可能不同。比如，学区房对有小孩的家庭比对孩子已成年的退休夫妇更有价值；一家拥有狂热粉丝和独特技术的小众鞋业公司，对耐克来说可能比对麦当劳更有价值。很多东西虽然不能直接产生收入（当然它也可以被估值），但也能给拥有者带来好处。比如，一副好看的太阳镜虽然不能帮你赚钱，但它能保护你的眼睛，让你看起来更有魅力，还能给你带来自信，等等，这些都是它的价值所在。

在一个有效市场中，价格和价值应该是一致的。然而，真正有效的市场很少见，几乎没有一个投资市场是完全有效的。价格虽然与潜在价值相关，但通常不会完全匹配，这是因为它受到投资者心理、时事新闻、政治动态和信息不对称等因素的影响。不过，随着时间的推移，这些非理性因素会逐渐消退，大多数资产的价格都会向其价值靠拢。传奇投资大师本杰明·格雷厄姆曾说过一句名言："短期来看，市场是一台投票机；长期来看，它是一台称重机。"[10] 格雷厄姆开创的价值投资策略，就是寻找那些价格低于价值的投资标的，买入后耐心等待其价格回归到与价值相符的水平。

估值既有适用于几乎所有资产的通用原则，也有针对不同资产类别的具体考量。我将在本节介绍这些通用原则，并在下一节讨论资产类别时详细介绍具体的估值方法。

基本估值公式

估值就是预测，具体来说，就是预测 3 件事：收入、终值和风险。

首先，在你持有资产期间，它能产生多少收入？有些资产的收入很容易预测。比如，我可以肯定地告诉你，一张 100 美元的钞票不会产生任何收入。如果你把 100 美元存入年利率为 4% 的活期存款账户，每年就会产生 4 美元的利息。很多资产都能提供可预测的收入流，比如公司债券，它的票面上会写明发行公司会支付给你多少钱。但有些资产的收入就很难预测了。比如，房子可以通过出租或者自住（从而节省房租）产生可观的收入，但具体能有多少收入就很难说了。而且，有些资产，包括房子，还会有持有成本，你需要把这些成本考虑进去，才能准确算出它们能带来的净收入。

其次，你将来能以多少钱卖出这项资产？在估值术语中，这通常被称为"终值"。同样，这个预测的难度也因资产而异。如果忽略通货膨胀，100 美元的钞票和活期存款里的 100 美元，其价值明天依然是 100 美元，这一点是确定的。但是房子呢？它的未来价值就很难说了，可能会受到经济形势、所在社区发展、房屋维护情况等诸多因素的影响。

最后是风险。在投资中，风险可以理解为不确定性。你对前面两项预测——未来收入和终值的把握有多大？假设你有两个投资机会，预期能产生相同的未来收入和终值，你会选择哪一个？当然是那个让你更有把握的，也就是风险更小的那个。风险越大，你就需要更高的回报才能抵消风险，让这笔投资变得划算。

基本估值公式将这 3 个预测结合在一起：

价值
=（未来收入＋终值）× 风险扣除

这并不是严格的计算方法，因为还有一个重要的组成部分。

但原则上任何金融投资都可以归结为这3个问题：它在你持有期间能赚多少钱？你将来能以多少钱卖出它？你对前面这两个预测有多大的信心？

举个例子，一支运动队（通常）的收入或现金流是零甚至是负数，因为所有的收入都投入球员了。但是，随着球队市值的不断增长，它的终值会非常高。只要贫富差距存在，就会不断有新的亿万富翁出现，他们在经历中年危机时，愿意花大价钱买下球队，与第四任妻子和朋友们一起在老板包厢看比赛。再比如，租车公司赫兹通过购买汽车再出租，可以获得可观的收入，但汽车的价值会随着时间推移而下降。还有住宅租赁房地产，在过去50年里创造了大量财富。这是因为租金收入不断增加，房价（终值）不断上涨，而且相对于其他资产，未来的房租和房价也更有可能继续上涨。

资金的时间价值

估值的"另一个重要组成部分"是资金的时间价值，也就是说，未来的钱比现在的钱价值更低。由于复利的作用，几年后的钱比今天的钱价值要低得多。这是投资的一个基本原则。

即使你百分之百确定能在未来收到一笔钱，仍然有两件事会降低这笔钱的价值：通货膨胀和机会成本。我在前一部分讨论过通货膨胀：随着时间的推移，物价往往会上涨，所以钱的实际购买力会下降。一年后的100美元能买到的东西，肯定不如现在的100美元能买到的多。

未来资金价值低于现在资金价值的另一个原因是机会成本。你可以用现在拥有的钱投资生钱，而未来的钱要等到你真正拿到手才能投资，所以它的价值也相应打了折扣，折扣多少取决于如果你现在就拿到这笔钱，能获得多少收益。

　　由于一项资产的价值取决于它未来返还给你的钱（即它的现金流），我们必须将资金的时间价值考虑在内。我们的基本估值公式中已经包含了一个价值的减少，即投资的风险性，也就是我们对投资预测的不确定性。现在，我们可以进一步加上时间价值的因素。投资的风险性，加上根据你在等待其现金流回报过程中产生的价值减少，两者结合起来就是所谓的"折现率"。

价值
＝（未来收入＋终值）× 折现率

　　投资者经常谈论对预期回报进行"折现"，意思就是用折现率来计算未来现金流的现值。所有未来的现金流都应该折算到现在。这是因为，即使是假定无风险的投资，也存在机会成本——你如果现在把钱投出去，就不能用这笔钱进行其他投资了。

　　基准折现率就是无风险利率，可以理解为从"零风险"投资中获得的收益率。理论上讲，没有绝对没有风险的投资，但我在前面提到过，借钱给美国政府已经非常接近零风险了。银行在做贷款决策时，通常会把联邦基金利率作为无风险利率，但普通投资者不能直接投资联邦基金。因此，专业分析师在估值模型中一般会用 90 天期美国国债的收益率来代表无风险利率。不过，对普通投资者来说，更实用的无风险利率是你能从活期存款或货币市场基金这类简单安全的投资中获得的最高利率。

无论你用什么作为无风险利率，关键在于你能确定自己至少能获得这么多的回报，所以千万别满足于更低的收益。机会成本越高，投资的预期收益率就必须比无风险利率高出越多，才能证明你的投资是合理的。

我们来总结一下：财富的积累来自将尽可能多的当前收入转化为投资资本。你应该根据预期回报（也就是未来的现金流）来选择投资，也要考虑风险（也就是你对这些现金流的信心）。接下来，我们将探讨你的投资选择：金融资产的主要类别。

第十四章

资产类别与投资范围

――――

投资并不需要高深的金融知识。实现财富自由的"懒人投资法"只需 3 步。当然,这不是唯一能成功投资的方法,但只要你按照建议去做,这种方法就足够可靠,因为它已经被证实过。注意:这并不容易,因为你不仅需要有赚钱的本事和魄力,还得有攒钱和投资的毅力。

（1）把你的长期资金（也就是你的投资本金）放在一家信誉良好的券商那里,比如富达或嘉信理财,开一个没有费用的标准账户。

（2）把你的钱投入 6 个低成本、多样化的 ETF,大部分资金要投到美国公司的股票上。

（3）继续往你的投资账户里加钱,直到达到你的目标金额（也就是光靠被动收入就能过上好日子）。

虽然这个"懒人投资法"很靠谱,但它也有些死板。很多成功的投资者偶尔也会偏离这个策略,原因有二。第一,生活充满了变数，有好有坏。有时候，你可能需要调整策略，要么是为了规避风险，要么是为了抓住机会，比如买第一套房、临时的医疗支出、生孩子，或者碰到一个特别好的投资机会。那么，我们什么时候应该偏离这个核心策略呢？又该如何做出决定呢？

第二，无论你如何选择自己的职业和生活方式，都离不开资本市场这个大框架。你得了解这个大系统的运作方式，才能更好地驾驭它，甚至改变它。作为一个"资本家"，把自己的钱用于投资，能让你更深入地了解资本市场的实际运作，而不仅仅是纸上谈兵。你会对价格和价值、市场动态，以及自己评估和应对风险的能力有更直观的感受。

大多数人都不像我这么幸运，能有科尔德纳这样的导师指点迷津。但无论你的兴趣和政治立场如何，你都应该补充这方面的知识。安迪·沃霍尔曾说过："做好生意是最迷人的艺术。"[11] 恩格斯在与马克思合著《资本论》的同时，还经营着父亲的纺织厂。在买第一套房之前，你得对利率和税收减免有个基本的了解。如果你在为自己的创业公司融资，光了解你的产品、市场和战略还不够，你还得了解投资者的想法，他们为什么愿意投资，想从你这里得到什么，你能从他们那里得到什么：估值、股权稀释、公司治理、流动性偏好，等等。

平衡投资法

没有一种投资是万能的、适合所有人的。你会在一生中遇到各种各样的投资机会，要根据自己的需求来权衡风险、回报和其他因素。

在上一部分中，我建议你把钱分成 3 个部分：日常开销、中期支出和长期投资。日常开销的钱很快就花掉了，没办法拿来投资，但中期和长期资金都可以作为投资的本金。如果你已经开始存应急资金，那么这笔钱就属于中期支出。如果你预计会有大额支出，比如读研究生或者买房，那中期支出桶里还得再加点儿钱。在增加长期投资的时候，你一定要记住这些需求——你肯定不希望未来一两年内要用到的钱被套牢在波动大或者流动性差的投资里。对于这部分资金，你更应该选择价格稳定、容易买卖的资产，比如高收益活期存款。当然，你也可以考虑国债和高评级公司的债券。

在美国，如果你有 401(k) 退休账户，那么里面的钱都属于长期投资。虽然退休金计划通常会限制你的投资选择，但了解这些选项并做出正确的分配，对你的长期回报会有实实在在的影响，也能帮你学到不少东西。读完这一部分后，不妨坐下来仔细看看你一直忽略的那本 401(k) 手册，看看能不能搞懂里面的投资选项。[再强调一遍，最好的做法是，尽可能地利用所有公司配缴和税收优惠的机会，比如 401(k)]。

当你存的钱开始超过退休计划的缴款额时，你就有了一笔长期资金——一支由你指挥的"军队"。对很多人来说，这笔钱可能来自年终奖或其他意外之财。如果你已经有了足够的应急资金，并且在最大限度地利用税收递延储蓄，稳步实现中期目标，那么你就可以开始你的"实战"理财课程了。再说一次，如果这听起来有点儿吓人，别担心。你能不能往中期支出和长期投资桶里多投钱，取决于你能不能控制住自己，量入为出。这需要时间。俗话说得好："一口吃不成胖子。"慢慢来，但要马上开始。

资金具体怎么分配，你可以根据自己的情况调整，但我建议，在你存下的第一笔1万美元长期资金中（现金储蓄，不包括退休金），你可以按照80/20的比例进行分配。

80%用于被动投资，主要是ETF，我将在后面"基金"部分详细解释。你要买入这些基金，并持有它们数年，甚至可能永远持有（还记得吗？这就是"懒人投资法"）。这些是被动投资。

20%用于主动投资。几千美元就足够你练手了。这个金额输了会让你心疼，但又不至于让你未来的财富自由受到太大威胁。我们的目标不是一夜暴富，而是要了解市场、了解风险，最重要的是，了解你自己——长期主动管理投资并不适合所有人。主动投资需要投入时间（尤其当你年轻的时候，时间相对充裕）。但你要做好心理准备，这可能会让你情绪波动，甚至心力交瘁。

那么，为什么还要主动投资呢？我的同事阿斯瓦特·达莫达兰说过，最好的监管措施就是人生教训。大多数人，尤其是年轻人，都觉得自己能跑赢大盘。没关系，尽管去试试吧。你很可能会发现自己做不到，而且长期来看，你的主动投资表现会不如被动投资。不过，有些人就是喜欢主动投资（就当是花钱买乐子），你也能从中学到东西。而且，你会有机会投资那些你更了解、更能发现价值的标的，市场却还没发现它们（比如，隔壁那栋破旧但地段很好的房子要被拍卖了；你妈妈的朋友要退休了，她想卖掉那家你很熟悉的公司，你高中时还在那里打过工）。当然，这最好不是你的第一笔直接投资。

你可以把这笔钱放在一个提供零星股份购买和免佣金交易的券商账户里，最好不要跟你的被动投资放在同一家券商，这样你能更清楚地区分两种投资，也能避免你从被动投资账户里"挪用"资金来支持主动投资（千万别这么干）。如果你一定要放在同一家券商，那就开两个不同的账户。

一旦你的储蓄超过1万美元，你就可以把所有或几乎所有的额外储蓄用于被动投资。在市场上主动管理2万美元学到的东西，并不比管理2 000美元多。如果你决定用超过2 000美元进行主动投资，那么请提前制订好分配计划并严格遵守，以免亏损扩大。追踪你的真实回报——核算损失，扣除税收、费用等之后的净收益。如果你没有良好的记账习惯（报税也需要这些记录），那么主动投资可能并不适合你。

我们在深入探讨主动投资之前，先来快速回顾一下，在你把所有积蓄都押注在两周后到期的、价外的GME看涨期权之前（千万别这么做！），你应该在经济上达到什么水平。在你开始进行主动的个人投资之前，你应该：

a. 遵循反映你实际消费情况的最低预算，包含储蓄。

b. 最大限度地利用你退休计划缴款的税收优惠。

c. 已经积累了与你的情况相符的应急储备金，并有计划地为中期支出进行储蓄。

d. 已经开始积累额外的现金储蓄（长期投资资金）。这些资金将按照 80/20 的比例进行分配，其中 80% 用于被动投资，20% 用于主动投资，具体投资的资产类别将在下文中详细介绍。

一旦你完成了以上几项，你就准备好了。那么，你的资金应该投向哪里呢？

投资范围

投资最简单的方式是将其存入银行的活期储蓄账户，赚取利息。这相当于把钱借给银行，银行用它来发放贷款，并支付给你（相对）较低的利息作为回报。如果你承诺在一段时间内不取出这笔钱，比如 6 个月或 12 个月，银行会支付给你稍高的利息，这种投资产品通常被称为定期存款。

然而，活期储蓄和定期存款的回报率通常很低，不足以积累真正的财富。为了实现财富增长，你需要将资金用于更积极的投资，承担更多风险，以获得更高的回报。比较经典的投资方式是投资于运营企业，比如微软或麦当劳等公司。这些公司通过发行股票筹集资金，用于购买原材料、支付工资和租金，并支付生产产品的成本。由于选择投资哪些公司需要专业知识和大量研究，许多投资公司应运而生。它们将你的资金与其他客户的资金汇集起来，然后投资于它们认为有潜力的公司组合。共同基金（以及较新的 ETF）是这类投资的典型代表，对冲基金和风险投资也属于这一范畴。

除了直接投资公司股票或通过投资公司间接投资，你还可以直接投资于支撑经济发展的基础要素，如土地和原材料。

在投资范围的另一端，一些投资者选择投资金融衍生品。金融衍生品本质上是一种金融合约，其价值与标的资产（如股票、债券、商品等）的价格变动挂钩。看涨期权和看跌期权是常见的衍生品工具，而卖空和期货交易是常见的衍生品交易策略。虽然衍生品在经济和金融市场中发挥着重要的作用，但它们具有更高的风险，其潜在回报也更高。

我将详细介绍这些资产类别（见图14-1），因为它们对我们的金融体系至关重要。即使你从未涉足其中，了解它们的基础知识也会受益匪浅。事实上，你对某些资产类别了解得越多，就越可能意识到它们不适合直接投资。对大多数人，包括你在内，以及你的大部分投资资金而言，最终的答案就在本节末尾。你的长期投资，即未来养老的资金，应主要投资于低成本、多元化的ETF。我会先详细介绍各类资产，然后解释什么是ETF，但在我们考察主要资产类别时，请牢记上面这条原则。

图 14-1 消费者投资工具

股票

毫无疑问，股票是投资领域的焦点。财经媒体如CNBC（美国消费者新闻与商业频道）和《华尔街日报》的大部分报道都集中在公司业绩和股价上，投资社交媒体也对股票情有独钟。当我们讨论投资时，股票往往是第一个被想到的。

为什么？因为股票让你直接参与经济的财富创造过程，而美国公司正是这股创造力的最佳体现。虽然公司积累如此庞大的经济实力存在争议，但在现实世界中，投资它们的股票是实现财富自由的最佳途径之一。

要理解为什么股票能让你直接分享经济的财富创造力，就需要了解股票和股票所有权的运作方式。虽然你可以在不了解股票本质的情况下买卖股票，但股票很有可能成为你投资组合中最大或第二大（仅次于房地产）的资产类别，因此花几分钟了解这一财富自由基石的基本知识是值得的。

我在前面提到过，公司是一种法律实体，旨在让多方共同汇集资源。股票就是实现这种资源汇集的机制。

股权

股票所有权，也称为股权，它有两个维度：控制权和经济利益。控制权对我们散户投资者来说不太重要，所以我将简要介绍。公司的日常运营由首席执行官负责，首席执行官向董事会汇报。股东（或股票持有人，这两个术语可以互换）通常每年进行一次投票，选举董事会成员。一般来说，每股股票代表一票。近年来出现了一种"双重股权结构"，即部分股票每股拥有多于一票的投票权，这赋予持有这些股票的人（通常是公司创始人或早期投资者）对公司的实际控制权。尽管投票规则可能有所不同，但基本结构不变：股东决定董事会成员，董事会做出重大决策（包括聘用和解雇首席执行官），而首席执行官负责公司的日常运营。某些重大决策，如出售公司，仍需经过股东投票表决。

股票所有权的经济利益是大多数投资者关心的。一股股票代表着一份公司的经济利益。具体来说，这包括两件事。首先，股东对公司的资产拥有"剩余索取权"。公司不会自然消亡，但在充满变数的资本主义市场中，没有什么是永恒的。如果一家公司消失，要么就是因为它被其他公司收购，要么就是因为它破产倒闭，一旦公司所有的债务还清，其剩余的价值将在股东之间分配，每股股票都能获得相应的资产份额。

但在大多数情况下，我们购买一家公司的股票并不是因为预测它会消失，而是因为我们看好它的发展前景。正如对剩余资产的权利一样，每股股票都赋予我们对未来利润相应份额的分享权。公司是创造利润的机器，股票则是利润分配的途径。在大多数公司中，这种分配并不是直接进行的。股东不会在每天、每个季度甚至每年年底聚在一起，瓜分公司账户里的现金。相反，公司的管理层（首席执行官和董事会）决定何时以及向股东分配多少利润。在通常情况下，尤其是在年轻、快速增长的公司中，管理层会决定将利润用于再投资，以促进业务增长——比如雇用更多员工、开设新工厂或销售办事处。如果管理层的投资决策明智，公司的前景就会改善。因此，即使股东没有立即获得现金利润分成，股票本身的价值也会随着市场对未来更大现金流的预期而增加。

利润分配

大多数成功的公司最终都会发展到一个阶段，它们无法有效地利用所有利润，因为公司已经"成熟"。这时，它们会开始将部分利润返还给股东。这可以通过股息（直接的现金支付）或股票回购（公司用利润购买自己的股票）来实现。

股息是传统的利润分配方式，许多大型的、稳定的公司至今仍在支付股息。重要的是，我们要明白股息并不是免费的午餐或礼物。这笔钱本来就是股东的，只是从股票这种所有权形式转移到了现金这种形式。事实上，当公司支付股息时，股票的市场价值通常会下跌，其跌幅反映出这种价值转移。股票回购是另一种将利润返还给股东的方式，它通过提高股价而不是直接支付现金股息来实现。回购后股价上涨的原因是，流通在外的股数减少，这使得每股股票所代表的公司资产和未来利润份额增加。

股票回购正在逐渐取代股息成为更受青睐的利润分配方式。过去，股息的优势在于投资者可以在不出售股票的情况下获得部分投资收益的现金回报。在早些年（2020 年之前，尤其是 2000年之前），出售股票的费用很高，特别是少于 100 股的小额交易。然而，随着低佣金或免佣金交易以及零星股份交易的普及，股息对投资者的实际好处已经大大减少。如今，如果投资者想从持有的股票中获得现金，那么他们可以通过出售少量股票，甚至一股股票的一部分来实现。只要股价持续上涨，股东就可以通过不断出售少量的股票来获得稳定的现金流。与此同时，股票回购为股东提供了一个重要的税务优势——他们可以控制纳税的时间。

当收到股息时，你通常需要在当年按照资本利得税率纳税。而当公司回购股票并提高你的股票价值时，你无须为这部分增值纳税，直到你出售股票，这可能是在多年之后实现的投资递延纳税。

由于公司的大部分利润实际上并没有以现金形式分配给股东，因此股东最主要的回报来自公司股价的上涨。购买股票本质上是一种押注，赌的是当前股价等于或低于股票的真实价值，并且市场最终会认识到这一点，将股价推高至其实际价值。这就引出了一个关键问题——估值。我们如何衡量一只股票的真实内在价值？简而言之，它是股票未来预期能获得的所有现金流的现值。但问题是，我们如何得知未来现金流的现值？这里我会简单介绍一下公司用来向股东报告经营状况的工具——财务报表。

财务报表

企业内部会保留大量的记录，但在向股东汇报时，它们会浓缩为 3 份主要文件：损益表、现金流量表和资产负债表。在美国，于公开市场交易股票的公司，每季度都会制作这些报告并提交给美国证券交易委员会，公众可以通过委员会的服务系统查阅。

我将简要介绍资产负债表和现金流量表，然后重点讨论损益表，这对大多数公司的投资者来说是最有趣和最重要的。资产负债表列出了公司的资产、负债和一些关于其股票的基本信息。资产主要包括现金、投资、厂房设备、建筑物等。知识产权，如专利和版权，以及公司应收的贷款，也属于资产。负债则指公司欠别人的钱（即债务）、未来支付养老金的义务，以及管理层已经确定可能发生的潜在成本（如诉讼损失）等。在一家健康的公司中，总资产价值大于负债，两者之间的差额被称为股东权益。需要注意的是，股东权益的账面价值并不等于公司股票的市场价值——在通常情况下，市场价值要高得多，因为它代表对未来利润的索取权，而不仅仅是公司当前的资产价值。

现金流量表，顾名思义，记录的是现金流入和流出公司的情况。企业需要现金流量表，因为它们通常采用"权责发生制"来记录经营活动。权责发生制不关注实际支付和收到的现金，而是记录价值转移的时间。例如，如果一家使用权责发生制的公司在 2023 年 12 月 31 日出售了一个产品，售价 100 美元，但直到 2024 年 1 月 31 日才收到付款，这在商业交易中很常见，该公司会将销售收入记为 2023 年发生，即使现金直到 2024 年才到账。现金流量表的作用就是将公司声称的 100 美元收入与实际未出现在银行账户中的 100 美元进行核对。与资产负债表一样，现金流量表包含一些对详细分析有用的重要信息，但它并不是我们了解公司业务的主要途径。

为此，我们需要查看损益表。损益表，有时也称为运营表或利润表，它能让我们最清楚地了解一家公司是如何赚钱的，以及它未来预期能赚多少钱。

从上到下阅读损益表，就像看到一条河流，流经整个企业，滋养着它的运营（见图 14-2）。河流的源头是营业收入，即公司通过销售商品和服务所赚的钱。如果一家公司销售小部件，以

10 美元 / 个的价格卖出 10 个，那就是 100 美元的收入。我们沿着损益表向下看，这条收入的河流被分流，以供给企业的各个组成部分。第一个，通常也是最大的分流，出现在最上游的地方，是销货成本。这是公司制造产品所需的原材料成本，以及可直接归于生产的劳动力成本。支付了销货成本后剩下的部分，就是公司的毛利润。接下来是运营成本，即经营企业的各种费用。在通常情况下，这包括销售及一般管理费用，也称 SG & A。这主要是销售和营销部门、高级管理层和其他支持人员的工资。研发费用有时包含在这部分费用中，有时单独列出。当企业从河流中抽取足够的水来支付运营成本后，剩下的就是营业利润。

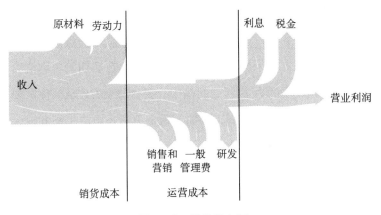

图 14-2　损益表之河

营业利润是一个重要指标，因为它反映了公司在支付利息和税款之前的核心业务盈利能力。当然，利息和税款是实际成本，但它们与以下这些关于业务的基本问题截然不同：客户是否需要这个产品？他们是否愿意为其支付高价？公司能否以低于客户支付的价格生产和销售产品？公司是否通过新产品开发投资未来？分析师有时会用专业术语 EBIT 来表示营业利润，即"息税前利润"。

EBIT 的一个变体 EBITDA 也备受关注，代表的是"息税折旧摊销前利润"。折旧和摊销是权责发生制的另一个特点。当公司购买一项打算使用一年以上的资产时，它不会将该资产的成本一次性计入损益表，而是将其成本分摊到预计使用的年限上，然后每年在损益表上计提相应金额的折旧。例如，一台 1 000 美元的电脑预计使用 5 年，会连续 5 年在损益表上显示为 200 美元的折旧费用。（实际计算公式更为复杂，但原理如此。）摊销也是同样的概念，但它适用于专利等无形资产。由于折旧和摊销费用并非公司实际发生的现金支出，相关资产的现金支付发生在过去，因此如果你想更准确地了解公司在当期的盈利能力，就可以将这部分费用加回到利润中。要计算 EBITDA，你需要从损益表中算出营业利润，并加上现金流量表中的折旧和摊销费用。

毛利润
＝收入－销货成本

营业利润（"EBIT"）
＝毛利润－销售及一般管理费用

净收入

=营业利润－利息－税金

首席执行官们喜欢强调 EBITDA，原因很简单，因为它能让他们的业务看起来更有利可图。当我出售 L2 时，EBITDA 就是我在路演中重点展示的数据。然而，它的使用是有争议的，因为虽然折旧不是现金支出，但公司仍然需要进行资本支出（即购买设备和投资研发的支出），而 EBITDA 实际上将这些非常实际的成本排除在公司的财务状况之外。巴菲特曾就此问题尖锐地批评 EBITDA，他问道："难道管理层认为资本支出是由牙仙子支付的吗？"[12]

近年来，有一种趋势日益明显，尤其是处在早期发展阶段的公司，它们倾向于使用更为激进的财务指标，其通常被称为"调整后 EBITDA"。这种指标会剔除营销甚至员工薪酬等成本，以呈现公司更高的盈利能力。这些指标的合理性在于，它们排除了那些被认为是公司成长阶段特有的，不应被视为其未来运营模式一部分的成本。要警惕的是，大多数这类指标就像汽车销售员告诉你一辆车下坡时的油耗一样，华而不实。

在损益表的营业利润下面是融资成本，主要是债务利息支出和税金。有时，这部分还包含其他收入，比如公司投资收益、退税或其他非经常性收入。需要注意的是，贷款的本金（即借入的金额）不会出现在损益表上，只会有利息支出（或收入）。贷款不属于收入流，因为它们并非来自公司的实际经营活动。

损益表河中剩下的水就是利润，通常被称为净利润或净收益。上市公司会将其报告为绝对美元价值，同时也会以 EPS（每股收益）的形式呈现。每股收益是通过将净利润除以流通股数计算得出的，它是衡量公司盈利能力的核心指标，代表每一股股票所拥有的利润份额（尽管大部分利润仍将留在公司）。

股权估值

估算每股股票价值的最简单方法是将"市盈率"应用于每股收益。这是一种粗略的估算方法，根据公司最近的收益来预估其未来现金流的价值。一般来说，预期增长率越高，应用的市盈率就越高。对于上市公司，你可以通过股票交易价格与公司每股收益的比率来了解市场对公司前景的看法，这就是所谓的市盈率。市盈率越高，市场越看好公司未来的盈利增长。通常，市盈率超过 30 的公司被视为高增长公司，成熟、增长缓慢的公司的市盈率则接近 10。

市盈率是一种市场倍数，是最常见的估值指标，但并非唯一，甚至不是最有用的指标。投资者还经常关注损益表上各个主要项目的倍数。例如，一家市值为 1 000 美元的公司，如果其营业收入为 100 美元，毛利润为 50 美元，息税前利润为 25 美元，净利润为 10 美元，那么它的收入倍数为 10，毛利润倍数为 20，息税前利润倍数为 40，净利润倍数为 100（见图 14-3）。

	收入	市值	倍数
营业收入	100 美元	1 000 美元	10
毛利润	50 美元	1 000 美元	20
息税前利润	25 美元	1 000 美元	40
净利润	10 美元	1 000 美元	100

图 14-3 股权估值倍数

你可以基于财务报表中的任何数字计算倍数。例如，经营订阅业务公司的价值有时会根据每位订阅用户的价值来评估，派息股票则可以根据其股息收益率（年度总股息除以股价）来估值。分析师还会关注除公司市值以外的其他财务指标：毛利率（毛利润占总收入的比例）反映了公司的定价能力，而存货周转率（销货成本除以平均存货）反映了公司生产和销售产品的效率。

倍数本身并不能提供太多信息，但如果你熟悉某个行业，就能了解该行业的典型倍数。倍数主要用于比较。例如，如果你有两家同行业的公司，一家的息税前利润倍数是 20 倍，而另一家是 35 倍，这说明市场对第二家公司更乐观。基于这些倍数，我们常说第一家公司估值更"低"，第二家公司估值更"高"，但这都是相对的。

一般来说，在损益表中位置靠下项目的倍数更有意义，因为它们反映了公司的真实盈利能力。但由于净利润会受到非经营因素（税金和融资活动）的影响，经验丰富的投资者通常会关注息税前利润倍数，将其作为衡量公司估值的最佳指标。但对于高增长公司，或者被视为收购目标的公司，市销率（收入倍数）可能是更合适的估值指标。

在计算倍数时，重要的是要理解市值和企业价值之间的区别。市值是公司股票的价格乘以股票总数，这是公司股票的价值。

市值

＝股票价格 × 股份数量

对一家没有巨额债务或并不大量持有现金的公司来说，其股票价值基本等同于公司本身的价值。但债务和现金会使情况复杂化。与我们的直觉相反的是，要得出公司本身的市场价值（即企业价值），你需要将公司的长期债务加到其市值上，再减去其现金。在计算倍数时，使用企业价值比使用市值的结果更准确，但对于债务或现金不多的公司，使用市值也无妨。

企业价值

＝（市值＋债务 ）－现金

虽然某个单独的倍数能提供一些信息（倍数越高，市场预期的增长就越大），但倍数主要是一种相对的衡量标准，这意味着我们需要找到"可比公司"——与被估值对象相似的公司，才能更好地进行比较。选择可比公司并不总是那么容易。有些公司在竞争环境中有着明显的可比对象，例如，家得宝和劳氏是美国家居装修行业中规模相似的公司，如果它们的市盈率不同，这无疑表明市场认为其中一家（市盈率更高的那家）比另一家更有增长潜力。但微软的最佳可比公司是哪家呢？微软在云服务方面与亚马逊竞争激烈，但微软根本没有涉足亚马逊的主要业务——零售业。微软的办公软件和谷歌文档、谷歌表格相竞争，但谷歌免费提供这些产品。当一家公司不为其产品收费时，你如何从财务上比较这两家公司？

由于倍数是相对的，且受限于可用的可比公司，因此更直接的估值方法是建立一个 DCF（现金流折现模型）。构建 DCF 模型是专业投资者的核心能力，但散户投资者不需要详细了解。简而言之，DCF 模型从一张损益表开始，但它不显示公司最近的业绩，而是预测未来的业绩。然后，由于所有的未来现金流都应该被折现，因此 DCF 模型会像我前面讨论的那样，对这些未来收益应用一个折现率，并将它们相加，得出公司的现值。如果你计算一家上市公司的现值，结果与其市场价格不同，那就表明你的假设与市场共识不同——这可能意味着这家公司存在投资机会。

任何估值方法都需要你在一定程度上了解公司实际从事的业务。就像寻找可比公司一样，这可能比想象中更棘手。不同类型的业务模式迥异，估值方式也大相径庭。例如，像埃克森美孚或雪佛龙这样的全球石油巨头，必须在油田运营上投入数十亿美元，而这些投资可能需要几十年才能收回成本。这需要前期巨额的资本投入，而一旦石油开始开采，就会产生丰厚的利润。从这个角度来看，石油公司与一些软件公司有相似之处。两者都需要在前期研发上投入数年时间，一旦产品成功上市，就能以几乎零成本无限复制。相比之下，律师事务所的模式则截然不同。从一开始，只有一名律师和一名律师助理的小型律师事务所就可以实现赢利，因为他们的日常开支微乎其微——几台笔记本电脑、职业责任保险、租用的办公空间，也许还有几套体面的西装，在这些基础之上，他们可以为工作的每个小时收取高额的律师费用。然而，正如我在"专注"中提到的，服务型公司难以扩大规模。如果创始律师的日程已经排满，想让公司的收入翻番，就必须再雇用一名律师。要让收入增长 10 倍，就得聘请 10 倍数量的律师。但如果这位合伙人不能为这些新律师带来足够的业务，律所仍然要支付他们的薪水，这就产生了成本压力。

有些公司的实际业务与其表面形象相去甚远。例如，谷歌是领先的搜索引擎，但它并不销售搜索引擎，而是销售广告，这才是它的真正业务。虽然谷歌开发和部署了先进的技术系统，但从商业角度来看，它的核心赢利模式是通过创造内容吸引关注度，然后将接触这种关注度的途径出售给广告商。这更像是一个传统的电视网络或报纸出版商，而不是像微软和苹果这样的科技公司。了解一家公司实际上是如何创收的，以及它的成本是多少，对理解它的财务状况、增长前景以及最终的价值至关重要。

股票投资

在大多数情况下，我们并不是直接从公司手里购买股票的，而是在"二级市场"交易，也就是投资者之间互相买卖。所以，你买股票的钱其实是给了卖股票的人，而不是公司。你可以把这看作接手了别人的投资，而不是直接投资公司。虽然公司不能直接从二级市场交易中获利，但公司管理层依然非常关心公司的股价。这是因为管理层的工资奖金通常与公司股价挂钩，股价涨了，他们也赚得多；股价高，公司看起来更有吸引力，容易招揽到优秀人才；公司还可以用股票作为"货币"去收购其他公司，增发股票是公司潜在的融资渠道。就像公司有时会在市场上回购股票一样，它们也会增发股票以筹集新的资金。公司第一次向公众出售股票，就叫作 IPO（首次公开募股），这可是公司发展的重要里程碑。之后的股票发行叫作增发，就没那么轰动了。

购买并持有股票是参与市场的好方法，也能帮助我们学习公司和投资的知识。我个人持有股票，也支持有知识、谨慎的散户投资者持有股票。但我强烈建议大家不要频繁买卖股票，有关数据也证实了这种做法并不可行。交易越频繁，损失越大。这不仅会让你身心俱疲，而且毫无效果。此外，频繁交易还不利于税务筹划，因为在美国，持有不到一年的资产不符合资本利得税的优惠待遇。所以，千万别做日内交易。

在你的职业生涯中，你很有可能会因为在某家公司工作，且部分薪酬以股票形式发放（如今通常是限制性股票单位，即RSU），而不得不持有这家公司的股票。在这种情况下，我的建议是，在符合税收优惠政策的前提下，你应该尽快出售这些股票。当然，出于税务考虑，持有这些股票可能也有其合理性，但一般来说，员工长期持有所在公司的股票并不是明智之举。为什么？因为你的职业发展已经与这家公司深度绑定，持有过多公司股票会进一步加大风险集中度。你的未来收入、职业声誉，甚至工作带来的心理满足感都与公司的成败息息相关。股票的流动性很高，所以不要因为你的报酬是股票而不是现金就区别对待。你不妨这样思考：如果你没有获得任何股票报酬，而是获得了等值的现金，你会用这笔现金购买公司股票吗？我想答案应该是否定的。

然而，也有一些人会选择保留公司股票。创始人或早期员工和投资者在出售股票时必须谨慎，因为大规模抛售可能会让市场（甚至员工）对公司前景产生怀疑。当然，我们也不必过分夸大这种担忧。风险投资人和银行家总是建议创始人将资金留在公司，因为他们希望股价越高越好，创始人越依赖公司越好。但我的建议是，创始人应该适时套现一部分收益，毕竟他们的目标是为家人实现财富自由，而成长型股票的风险本身就比较高。长期小企业主（我在"专注"那一部分描述的基层经济从业人员）则应考虑逐步将企业资产转化为个人资产，这样才不会让财富自由的实现过于依赖单一事件，比如公司的出售或将企业传给下一代。

部分员工是所在行业的资深专家，他们可能比外部分析师更了解公司的潜力。如果你有充分的理由相信公司利润将快速增长，远超当前股价所反映的水平，那么持有（甚至买入）公司股票来增加风险敞口也是合理的。但请注意，不要因为对自己的工作、同事或产品的偏爱而影响判断。当然，还要确保自己没有利用"内幕信息"进行交易，比如药品获批或大客户签约等未公开消息。因为这种行为是违法的，涉事者甚至可能面临牢狱之灾。

除了作为公司员工，还有其他途径可以深入了解一家公司或一个行业。大客户有时能比其他人更深入地了解公司，学者和科学家也可能对某些行业有独到的见解。例如，到21世纪第一个十年的中期，我已经花了20年的时间与零售业的一些优秀公司密切合作，帮助他们向在线商务转型。我还创办了几家在线商务公司，其中一家已经上市。我对这一领域的潜力以及实现这一目标所需的条件有了深刻的了解。我清楚地认识到，市场对亚马逊公司的估值太低了，因此我将净资产的很大一部分押在了贝佐斯和他的团队身上。在过去的20多年里，这笔投资已经获得了25倍的回报。这不是一时冲动的决定，而是基于我20年行业经验做出的判断。

近年来，政策驱动型投资，特别是所谓的环境、社会和公司治理，即ESG投资，越来越受到关注。但对个人投资者来说，我并不建议大家盲目跟风。你的个人投资并不能左右企业的决策，但会直接影响你未来的财务状况。如果你不愿意投资那些你认为对社会有害的公司，我完全理解。我自己就曾持有脸书股票多年，但最终还是卖掉了，因为我确信这家公司对年轻人和社会造成了实实在在的伤害。即便如此，我还是想提醒大家，不要把所有的投资都押在自己的道德偏好上。你可以通过投票、游说民意代表、参与社区活动等方式来表达你的立场。但请记住，你的资金对你自己的意义远比对那些公司的意义更大。尤其是 ESG 标签，现在已经被企业公关过度利用，几乎失去了它原本的意义。对大型机构而言，政策投资代表着一种不同的考量，因为它们的投资选择会产生实际影响。但那是另一个话题了。

债券

公司和政府都会发行债券，债券市场规模庞大：美国债券市场总额超过 120 万亿美元。债券本质上是一种债务，但与普通的双边贷款不同，它是一种被证券化的债务。证券是对某种基础资产的债权，可以独立于该资产进行买卖。公司股票就是一种证券——它是对公司股权的债权，可以在市场上自由交易，无须公司参与。但它仍然是对公司具有法律约束力的债权。债券也是同样的概念，只不过它代表的是债权，而非股权。美国股市与债市增长的对比如图 14-4 所示。

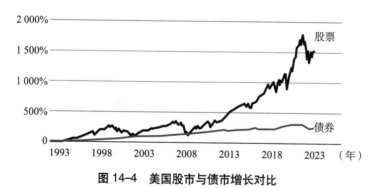

图 14-4　美国股市与债市增长对比

数据来源：晨星公司，债券＝先锋整体债市指数基金，股票＝先锋整体股市指数基金。

下面我用一个简化的例子来说明债券是如何运作的。假设亚马逊想借 100 美元，于是去找富国银行。富国银行查看了亚马逊的账目，认为这家公司的信用风险较低，提出以 6% 的利率提供贷款。亚马逊则表示："我们是领先的在线商务和云计算公司，现金充沛，4% 的利率怎么样？"最终，双方协商以 5% 的利率达成贷款协议——富国银行现在给亚马逊 100 美元，亚马逊承诺一年后偿还 105 美元。不过，富国银行并没有直接持有亚马逊的还款承诺，而是将其拆分成 100 份小承诺，每份承诺意味着亚马逊在一年后需支付 1.05 美元（1 美元本金加 5% 的利息）。然后，富国银行在公开市场上出售这 100 份小承诺，这些就是债券。购买债券的投资者可以选择在持有一年后，在该债券到期时收回 1.05 美元，也可以像股票一样在二级市场上转售给其他投资者。

有趣的是，债券一旦进入二级市场交易，情况就发生了变化。最初，富国银行和亚马逊谈判的重点是利率——亚马逊想要 4%，富国银行想要 6%，最终折中为 5%。这个 5% 的利率决定了债券的票面利率，是发行人承诺支付给债券持有人的利息。但对二级市场的投资者来说，他们更关心的是在当前市场环境下，亚马逊这个还款承诺的实际价值，而这将直接决定债券在二级市场上的交易价格。

如果亚马逊开始出现严重的经营问题，比如供应链问题、管理层变动或数据泄露，投资者可能会担心公司无法兑现 1.05 美元的承诺，从而降低对债券的估值。尽管债券的预期现金流没有改变，但风险上升了，相应的折现率也会提高，导致债券的市场价格下降。比如，富国银行最初与亚马逊谈判时，债券的市场价格可能是 1 美元，但几个月后，如果亚马逊陷入困境，债券的市场价格可能就只剩下 0.9 美元了。这种风险被称为信用风险或违约风险。

即使投资者对公司的看法没有改变，债券价格也可能发生变化。当市场利率上升时，投资者会有更好的投资选择，自然不愿意为了一年后获得 1.05 美元支付那么多钱。如果他们可以花 1 美元购买美国国债，一年后获得 1.06 美元，那为什么要花同样的钱买亚马逊的债券，一年后只能拿到 1.05 美元呢？对这些投资者来说，无论亚马逊多么可靠，也不可能比美国政府更可靠。因此，亚马逊债券的价格会跌破 1 美元。反之，如果市场利率下降，亚马逊一年后支付 1.05 美元的承诺就显得更有吸引力，因为美国国债的收益率更低了，债券价格就会涨到 1 美元以上。这种债券价格因市场利率变动而波动的可能性被称为利率风险。

无论亚马逊或整个市场的情况如何，随着还款日期临近，债券价格都会逐渐接近 1.05 美元。这是因为货币有时间价值，也因为在更短的时间内出现问题的可能性更小。除非亚马逊面临极端困境，否则其承诺在明天支付 1.05 美元的价值就是 1.05 美元。

这里介绍一些术语：面值（或票面价值）是债券到期时支付的金额。在我们的例子中，面值是 1 美元。票面利率是最初协商确定的利率。在我们的例子中，票面利率为 5%。大多数债券的期限超过一年，因此发行方会定期支付利息。在我们的例子中，只有一次利息支付，即发行方在年底支付 0.05 美元。到期日是债券到期并偿还本金的日期。在我们的例子中，到期日也是年底，届时亚马逊将偿还 1 美元本金和 0.05 美元利息。

然而，最重要的术语是"收益率"。收益率指的是如果你以市场价格购买债券，所能获得的实际年化利率。以亚马逊债券为例，如果你在债券到期前一年以 1 美元的价格购买，那么收益率就是 5%，因为一年后你将获得 1.05 美元的本息。但如果你在债券到期前 6 个月以 1 美元的价格购买，收益率就会变成 10%，因为你在半年内就获得了 5% 的回报，年化收益率为 10%。债券的收益率每天都会根据市场价格变化，反映了市场对发行人还款承诺的信心程度。一般来说，债券市场和股票市场的走势相反，但也不尽然。当股市表现良好时，投资者往往不太愿意购买收益率更低但更稳定的债券，这会压低债券价格，从而提高收益率，直到风险调整后的债券收益率与股票收益率相当。理解这些关系需要一些实践，最好的方法就是买一些债券，跟踪它们的价格和收益率变化。

政府也会发行债券。事实上，债券市场的大部分都是政府债券，美国联邦政府是其中的一个主要发行方。大多数美国国债的面值为 100 美元的整数倍，期限从 4 周到 30 年不等。（短期国债被称为短期国库券，长期国债被称为国债，但二者在功能上没有区别。）美国财政部每周都会发行新债券，并通过向投资者拍卖来确定利率。一旦进入二级市场，国债就会像公司债券一样提供固定的现金流，并以市场决定的价格进行交易。美国国债的一个显著优势是，其支付的利息免征州所得税。

债券为投资公司提供了另一种途径，也是投资政府的唯一方式。与股票相比，债券风险较低，回报更可预测，而且在大多数情况下，如果持有到期，几乎不会亏损。但相应地，债券的回报也较为有限，上涨潜力不大。无论发行方的经营状况多么出色，他们只需按照债券条款支付约定的本息。债券持有人最多只能获得债券上印制的金额，任何超出这部分的利润都归股东所有。风险与回报总是相伴而生。

房地产

房地产堪称资产类别中的王者。虽然个别地块的价格会波动，但长期来看，它坚如磐石。土地（和建筑物）能产生收入（通过出租、开发，或自用），而且它的终值几乎是确认的，因为土地资源有限。此外，房地产投资还享有多种税收优惠。对有实力的投资者来说，房地产是无可比拟的长期投资选择。

然而，任何投资都有风险。对房地产来说，主要有两点：第一，房地产的流动性几乎是最低的，为其寻找买家不易，交易成本也高。事实上，当你买下一块地时，你的投资通常是从亏损开始的，因为你得支付经纪人、评估师、有时甚至是测量师的费用，你还得给政府部门交一大笔钱。等你打算卖地时，还得再交一轮费用。第二，持有房地产本身就要花钱，例如房产税、保险和维护费用。即使是未开发的土地也可能有维护成本，例如围栏、安保、防火和防洪的成本，你甚至还得承担前任业主乱倒垃圾的风险，以及其他各种各样的土地成本。当然，从积极的方面看，你也许能在地里发现石油或黄金，前提是你在买地时获得了采矿权。

简而言之，房地产可以是一项非常棒的投资，但就像资本主义制度下大多数回报丰厚的投资一样，它需要钱来生钱。投资房地产需要你有大量资金，这些资金可能要在土地上"沉淀"数年，此外这还需要你有足够的流动现金来维持所有权。当然，如果你不是亿万富翁级的房地产大亨，那么你可能只有几种途径接触可行的房地产投资机会。

对大多数人来说，最重要的房地产投资就是自己的房子。对本书的大多数读者而言，房子很可能在很长一段时间内都是他们投资组合中最大的组成部分。对几乎所有人来说，买房可能都是人生中最大的一笔开销和最大的一笔贷款，房贷也是每月预算中最大的一笔支出。买房带来的安定感，使其成为实现财富自由的重要一步。这种观念也影响了美国和其他国家的税收和经济政策，它们鼓励人们拥有住房。如今，关于买房还是租房的争论越来越多，在某些情况下，买房确实不是明智之举。但对大多数人来说，我强烈建议将购房作为实现财富自由计划的核心部分。和本书中的大部分建议一样，我对买房的建议也基于两个方面：经济上的考量和个人因素。

首先，从经济角度来看，住宅房地产一直是一项长期稳健的投资。当然，由于税收政策、持有成本（比如房产税）和收益（比如省下的租金）的不同，再加上房地产的地域性很强，将房地产的价值与其他投资进行比较并不容易。在这方面，地段优越

（比如气候宜人、自然资源丰富、靠近就业中心等），位于有升值历史的成熟社区的房产无疑是更好的投资选择。而偏远地区的新建小区，其房价便宜是有原因的。2008年美国房价暴跌时，很多家庭就是因为投资了这类房产而损失惨重。但从长远来看，房地产在税收优惠和可靠性方面具有其他资产类别无法比拟的优势。

在美国，出售自住房所得收入中有25万美元（已婚夫妇为50万美元）是免税的，你还可以扣除房屋装修费用来减少应税收益。比如，你花40万美元买了一套房，5年后以50万美元的价格卖出，由于收益只有10万美元，因此无须缴纳所得税。投资性房地产（即非自住房）也有相应的税收递延和减免政策。此外，美国联邦政府和各州还有针对首次购房者和中低收入购房者的优惠政策，你甚至可以从个人退休账户和401(k)退休金计划等账户中提取部分资金（额度有限）来支付房产的首付，而无须缴纳罚金。

房产升值并不是拥有住房的唯一经济优势。房子是你唯一可以居住的投资品，而每个人都得有地方住。在生活成本较高的城市，千禧一代的房租支出甚至高达收入的50%。当然，通过购买房产省下的租金会被房产税、保险和维护费用抵销。许多首次购房者往往会低估拥有住房的实际成本，但除非你运气特别差或决策失误，否则你省下的租金通常还是会高于房屋维护费用。

对大多数人来说，买房意味着要抵押贷款，而其利息的支出是一笔不小的开销。整个21世纪10年代，抵押贷款的低利率使购房更具吸引力。虽然新冠疫情后利率有所上升，但似乎不太可能回到 20 世纪 70 年代两位数的水平。由于抵押贷款是一种"担保"贷款，即如果你不还款，银行可以收回或出售你的房子，因此它的利率相对于其他消费信贷较低，表示给贷款人带来的风险较低。即使你有能力全款买房，也要考虑到机会成本——这笔资金本可以用于其他投资。所以，如果抵押贷款的利率低于其他投资的回报率，那么贷款买房可能仍然是经济上更明智的选择。

美国的税收政策为购房提供了另一项重大优惠，尽管近年来有所削减。自 1913 年推出所得税以来，房主一直可以从应税收入中扣除抵押贷款利息。现在依然如此，但由于税法变化，这种扣除的实际作用已经大打折扣，只有少数房主能从中受益。2017 年的《减税与就业法案》（又称特朗普减税法案）让"标准扣除"翻番（从 6 000 美元提高到 12 000 美元，已婚夫妇翻番），除非你有非常大额的抵押贷款或其他大额扣除项目，否则抵押贷款利息扣除的优势就不复存在了。这项改革的影响是巨大的。在法案出台的前一年，有 21% 的纳税人申请了抵押贷款利息扣除，而到了 2018 年，这一比例骤降至 8%。[13] 在家庭收入为 10 万 ~ 20 万美元的纳税人中，申请抵押贷款利息扣除的比例从 61% 暴跌至 21%。

我之所以强调抵押贷款利息扣除的变化，是因为在过去 100 多年里，它一直是美国人购房决策的重要考虑因素。因此，你从亲朋好友那里听到的建议，以及 2018 年之前出版的任何图书

（甚至之后出版的很多图书）都印证了这段历史。抵押贷款利息扣除可能仍然适用于你的情况，但你不要想当然地认为它一定适用，毕竟税法经常变化。在买房之前，你最好先了解一下当前的规则对你是否适用。如果你已经准备好买房，那么寻求专业的税务建议可能是值得的。

总的来说，抵押贷款利息扣除从来都不是人们买房的主要原因，而且对很多人来说，买房仍然具有经济意义。除此之外，买房还有个人因素方面的考量。比如，房贷是一种"强制储蓄"。这意味着你有很强的动力按时还款，而且你几乎一定会这样做。尽管你可能很想每个月从收入中拿出 1 000 美元用于投资，但这往往很难坚持。房贷会随着你的持续还款逐渐减少，从而让你在房屋价值中所占的份额逐渐增加。

拥有住房是对财务安全和稳定的承诺。房屋这项投资缺乏流动性未必是坏事，因为一旦买了房，你就会扎根于一个社区，甚至可能是一份工作。约束能促使你专注，而专注能让你更快地实现目标。就像我在"时间"一部分中所说的，你会改变。随着年龄增长，你可能会更渴望安定，更看重归属感和稳定性。所以，即使现在你觉得房子束缚了你的自由，再过 10 年，你也很可能会将它视为避风港。如果你还年轻，那么别轻易断定自己会一辈子都喜欢租房住，喜欢那种随时可以搬家的自由自在。

当然，凡事都有两面性。扎根固然好，但如果你想搬家呢？即使在市场景气的时候，卖房的成本也很高，如果你在市场不景气时被迫出售，结果可能更残酷。所以，买了房之后，你可能不得不放弃更好的工作机会或生活方式，因为你无法轻易搬家。虽然你可以把房子租出去，这样既能解决问题，又能在某些市场条件下赚钱，但是这需要你承担风险并谨慎地管理。此外，房子需要维护，你还要为它交房产税，而且我可以保证，你最终在装修和升级上的花费一定会超出预算。

除了自住房，你还可以投资其他类型的房地产。直接持有投资性房产是将收入转化为资本，实现财富自由的好方法。但挑战在于，这需要投入大量精力。作为一种被动收入，它其实相当"主动"。我在"专注"一部分中分享过自己持有投资性房产的经历，你会发现，这更像是拥有第二（甚至第一）份职业。如果你自律且注重细节，动手能力强或者善于与承包商打交道，有足够的韧性与租户周旋，能够硬气地执行协议，对区域市场有深入的了解且人脉丰富，以及最重要的，有足够的时间和精力来管理，那么你可以认真地考虑购买投资性房产用于出租或转售。从小处着手，逐步扩大规模。

你还可以通过金融公司投资房地产。REITs（房地产投资信托基金）通常是公开交易的一种房地产控股公司。此外，还有许多私人房地产投资集团，它们规模不一，既有为支持单一开发项目（如商场或办公楼）而成立的小型财团，也有坐拥数百亿资产的跨国控股公司。公开交易的 REITs 受到更严格的监管，安全性相对较高，私人房地产投资则需要你做更多的尽职调查。不过，总的来说，这些投资更像是股票投资，而不是直接投资房地产。因为你投资的是一个管理团队和一种商业模式，只不过这种商业模式恰好是房地产，而不是软件或运动鞋。

大宗商品、货币和衍生品

除了上述这些常见的投资标的，还有一些与实体经济活动关联度更低的资产类别。大宗商品和货币本身就是实物资产。大宗商品包括石油、黄金、玉米等原材料，而货币指的就是钱。它们通常在流动性很强的市场上交易。大宗商品的价格主要受现实世界的因素影响：例如，天气对天然气和许多农产品价格的影响巨大，全球制造业模式的变化也会影响原材料价格。

货币价格通常反映了使用该货币的国家的经济状况，尤其是利率——利率越高，货币越值钱，因为以该货币计价的投资能带来更高的回报。加密货币（其中最著名的是比特币）的交易主要受市场情绪影响，其价格波动一直很大。加密货币在某些国家有可能最终与政府发行的货币并驾齐驱，成为一种稳定、持久的交易媒介或价值储存手段，但至少截至2023年，它仍存在重大的技术和社会障碍。

作为大多数此类资产的投资者，你通常不会直接接触相关资产，而是会交易旨在捕捉这些资产未来价格变化风险的衍生证券。"期货"是基于大宗商品的衍生证券，而基于股票的则称为"期权"。本质上，你是在押注这些资产未来的价格走势。

衍生品在金融市场中扮演着有趣的角色，它们既可以降低风险，也可以增加风险。它们的主要目的是让企业和投资者能够"对冲"其在特定市场的风险敞口。举个例子，对大豆种植者或金矿开采者这样的单一大宗商品生产商来说，其生计完全依赖于大宗商品的价格。如果价格暴跌，其可能血本无归。衍生品提供了一种高杠杆的押注方式，让这些面临风险敞口的公司能够对冲风险。比如，金矿商可以押注金价下跌，以对冲金价下跌的风险，而大量购买黄金的公司则可以押注金价上涨。这本质上是一种保险机制。同样，在多个国家开展业务的公司也会面临汇率波动的风险。比如，如果你用美元支付员工工资，但你的主要收入来自以欧元支付的客户，那么美元对欧元大幅升值对你来说就是坏消息，因为你每赚一欧元能兑换的美元就变少了。所以，你可以押注美元升值，以对冲汇率风险。

当然，必须有人在这些押注的另一方下注。因此，许多纯粹的金融机构活跃在这些市场中，寻找机会"购买"风险，并从中获取潜在的高回报。衍生品可以变得非常复杂，一些极端的例子有时被称为"奇异衍生品"。在 2008 年的全球金融危机中，这些奇异衍生品产生了巨大的影响：银行交易的 CDO（担保债务凭证）连银行自己都搞不懂，当房地产市场下跌时，它们才意识到自己面临着数十亿美元的巨额亏损。

散户投资者可能会接触的衍生证券是股票期权。这与你可能从雇主那里获得的股票期权不同。你购买的是一种权利，可以在特定时间内以约定价格（行权价）买入或卖出特定股票。买入股票的期权称为看涨期权，本质上是押注股价上涨；卖出股票的期权称为看跌期权，是押注股价下跌。

期权交易对散户投资者颇具吸引力，因为它提供了高杠杆。几百美元的看涨期权，就可能在短时间内带来数千美元的利润。但根据合约类型的不同，投资者也可能遭受远超初始投资的巨额损失。一般来说，你很难亏损超过投入的本金，但期权交易就可能让你亏损到这种程度。

期权市场，以及所有衍生品市场，都由经验丰富的专业人士主导，他们的全职工作就是深入了解市场的每一个细节。这些交易者通常不会通过单个合约来赚钱，而是将一系列条款不同的合约组合起来，构建出名字花里胡哨，如"跨式"、"宽跨式"和"铁蝴蝶"等的复杂投资结构。散户投资者在他们面前就像"小鱼"，很容易被这些"大鱼"吞噬。

当然，散户投资者也可以像机构投资者一样，利用衍生品来对冲风险。比如，如果你在不同国家生活和工作，就可能面临汇率风险；如果你持有雇主公司的非流通股，就可能面临行业或地区风险；你的其他投资也可能让你面临巨大的利率风险。在这些情况下，衍生品就像保险一样，你只需支付少量资金，就能在高杠杆的基础上降低自己的潜在损失。我自己就曾利用期权为一只想长期持有的大额股票投资创造了收入来源。

市场参与者使用衍生品（包括股票期权）来微调投资活动，其方式多种多样。但一次性的零售期权交易并不是真正意义上的投资，它更像是赌博。赌博可以是一种有趣的消遣，也可能让人严重成瘾，但它绝不是投资。

基金

除了前面提到的那些资产类别，还有一类金融资产对散户投资者来说非常重要，那就是基金。它不是一种具体的资产，而是一种投资工具，可以让你间接投资其他各类资产。更重要的是，基金应该是你进行长期投资的主要方式。我之所以把基金放在最后讲，是因为它本质上是其他资产的集合，而我希望能帮助大家先了解金融体系的运作原理。但从长期投资的实用角度来看，基金是最重要的投资类别。

基金有多种形式，但基本模式都是汇集小额投资者的资金，然后由专业投资团队按照既定的投资策略进行大额投资。基金的购买方式、收费标准和投资策略各不相同。

经典的基金模式是共同基金。近年来，ETF 逐渐兴起，它提供了一种更便捷、更具成本效益的方式，让你通过购买单一证券就能获得多元化的投资组合。除了买卖更方便，ETF 在税收方面也比共同基金更有优势，因为有些共同基金，即使你只是被动持有它们，也会产生应纳税的收入。

基金的投资策略多种多样。"主动管理型基金"通常比较复杂，它们依赖人工分析——这些基金通常收费较高，我建议你尽量避开。而"被动型基金"根据算法进行配置，最简单的策略就是跟踪某个热门指数，比如标普 500 指数。事实上，很多投资公司都提供标普 500ETF，而且费用很低。其中最著名的（虽然不是最便宜的）是 SPDR（纽交所股票代码：SPY），这只 ETF 自 1993 年以来就一直为投资者提供追踪标普 500 指数的投资工具。

此外，还有跟踪其他指数的 ETF，比如囊括了几乎所有上市股票的罗素 3000 ETF，以及采用各种特定交易策略或投资于货币和大宗商品的 ETF。

所有基金都会收取费用，这些费用往往是多层次的，难以理解。共同基金的收费结构可能比 ETF 更复杂，这也是 ETF 的优势之一。你最关心的应该是费用比率，这个数字越低越好，最好远低于 1%。共同基金有时会对买卖或其他服务收取费用，而 ETF 的交易方式与股票类似，现在通常是免佣金的。

近年来，"机器人顾问"基金也开始流行起来。这种基金会把你放在一个专用账户里，投资公司会根据算法来帮你打理。虽然机器人顾问的费用通常很低，但由于复利效应，即使是低费用也会随着时间累积。而且，大多数机器人顾问所做的也只是把你的钱分配到几个 ETF 或共同基金中。如果你已经花时间读到这里，说明你对投资有足够的了解和兴趣，完全可以自己购买 ETF，而不需要支付机器人顾问的费用。

在之前的估值讨论中，我提到了无风险利率的概念。这是你对任何投资的最低回报要求，它至少要比你的储蓄账户收益高。然而，对长期投资来说，标普 500ETF 才是你真正的基准。毕竟，你不可能靠储蓄账户的利息发家致富，要获得更高的回报，你的资金必须承担更大的风险。跟踪标普 500 指数是被证实能获得可观回报（自 1957 年设立以来约为 11%，过去 20 年为 8%）的有效途径。[14] 当然，短期来看，投资股市是有风险的。所以，别把你今年要用来还房贷的钱投进股市，那应该是放在无风险的储蓄账户里的。但对于长期资金，也就是你希望跑赢通货膨胀，实现财富增值的资金，标普 500ETF 就是你的标杆。任何其他的投资都要从风险和回报两方面与它进行比较。如果某项投资的预期回报超过 8%，那么你需要评估自己要承担多大的额外风险。如果它能为你的长期投资增加一些潜在收益，那么承担一定的风险也是值得的。但如果它的回报低于 8%，那么它是否足够安全？对于近期可能需要的资金，你当然希望它更安全，但对于长期资金，你应该偏向于承担风险。

对于长期投资的资产配置，有很多种方法。经济学家对各种可能的方法争论不休，但财务顾问通常会建议投资者，在年轻时应主要投资公司股票，少部分资产投入公司债券等低风险产品，随着年龄增长，再逐步增加低风险投资的比例。一种常见的做法是"100 减年龄"法则，即股票资产的比例等于 100 减去你的年龄（如果你 35 岁，那么 65% 的长期投资应用于股票，35% 用于债券）。然而，2005 年，经济学家罗伯特·席勒（他后来因对股票价格的分析获得诺贝尔经济学奖）分析了几种不同的策略，他发现表现最好的是 100% 投资公司股票，而加入更保守的投资只会降低回报。[15]

如果你的职业生涯正朝着高收入的方向发展，并且你能严格控制日常开支，我建议你在年轻时让长期投资更积极一些：多配置高成长型股票，少配置甚至不配置债券等低风险投资。

第十五章

投资中绕不开的一环：税务

要说我和哪个机构的关系最复杂，那非美国国税局莫属。国税局的工作人员做着吃力不讨好的工作，为国家保障税收。西塞罗曾将税收描述为"国家的筋骨"，因为税收支撑着我们的安全、基础设施和社会投资。虽然现在爱国主义在美国已经不流行了，但如果你觉得美国政府有什么地方做得不错，比如预测天气、指挥航空母舰、投资绿色能源，别忘了，这些都是因为国税局在辛勤工作，为国家筹集资金。从这个角度来说，我爱国税局。

同时，国税局也在向我征税。每一次我做出明智的投资决策，每一次我卖掉一家公司，我赚的每一分钱，更不用说我付给那些为我的公司辛勤工作，帮助我走到今天的优秀员工的每一分钱，都有国税局在一旁虎视眈眈，等着分一杯羹。从这个角度来说，我恨国税局。

面对这种情况，我们能做的就是通过一切合法手段，尽量减少自己的税务负担，并且在缴税时心安理得地知道自己已经尽了应尽的义务。就像战俘有义务尝试逃跑一样，我认为公民也有双重义务，既要对国家负责，也要对家庭负责，在合法的前提下，尽量少缴税。我是不是把美国政府比作战争中的敌人了？我说了，我的感情很复杂。

闲话少说，我们该如何合法地减少税负呢？就像应对火灾的"停住、趴下、打滚"一样，减少税负有 3 个基本步骤——认识、理解和协助（见图 15-1）。

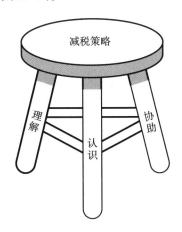

图 15-1　减少税负的 3 个基本步骤

无论何时，我们都应该敏锐地认识到，税收无处不在，它渗透我们收入、投资和支出的方方面面。我们所做的每一个财务决定，甚至包括不做的决定，都会产生税务影响。有些影响显而易见，有些则隐藏得很深，它们可能会在不知不觉中改变我们长期的财务状况。因此，培养一种对税收的高度敏感意识是非常重要的。

要做到这一点，我们需要对税收的基本原理和运作方式有一个大致的了解。这种了解不仅能帮助我们顺利完成每年的报税，更重要的是，它能贯穿我们全年的财务决策，让我们在每一次选择时都能考虑到税务因素。毕竟，很多时候，财务上的"胜负"早在我们做决定的时候就已经注定了。我的经验和理解主要在美国税收方面，所以这里我也会重点讨论美国税收。不过，很多税务问题是普遍存在的，在其他国家也适用。

下面我会讨论你需要了解的基本税务概念。但在此之前，我想强调的是，你不应该独自面对这些税务问题。如果你刚开始工作，尤其是作为一名普通的上班族，那么你的税务情况可能还比较简单。下面的内容应该能满足你的大部分需求，不过你还是应该针对自己的具体情况做进一步的研究。但随着收入的增加，你开始涉足投资、创业或购置房产等领域，你的税务问题也会变得越来越复杂。这时候，寻求专业的税务建议就显得尤为重要了。一开始，你可能只需要一个报税员帮你填报税表，但很快你就会意识到，你需要更全面的指导。别犹豫，去找更专业的人吧。我的税务律师是我认识的最聪明、最勤奋的一群人，他们也是我最好的投资之一，其回报远远超过我付出的费用。

所得税

所得税是重中之重。在美国，你需要缴纳联邦所得税、大多数州的州所得税，以及少数地区，如纽约市的地方所得税。（生活在没有所得税的州可以让你省下一大笔钱，这一点我们稍后再谈。）联邦税占大头，州所得税就像是联邦税制的缩小版，所以我们在这里主要聊聊联邦税。如果你已经自己报了好几年税，那么这些内容对你来说可能都不陌生，但就像投资一样，有时候跳出来看看全局会很有帮助。

所得税，顾名思义，就是从你的收入所得中抽走一部分。这个过程涉及两个因素：抽走的比例（税率）和你的收入。大家在讨论税收时，往往更关注税率，因为这个数字简单明了，也最容易引起关注。但你知道吗？美国的税法典有 2 600 多页，个人所得税税率表却只占了不到一页。那么，剩下的篇幅都在讲什么呢？大部分都在讨论如何计算你的"收入"。

在税务的世界里，"收入"并不等于你实际赚到的钱。它是一个用来计算你纳税义务的数字，通常比你实际赚的钱要少得多。我花钱请税务律师，不是为了让他们帮我算税率，而是为了让他们帮我最大限度地减少应纳税收入，你也应该这样做。

抵御税收的第一道防线，就是让一部分钱根本不计入收入。其中最大的一块就是借来的钱，因为借款不算收入，自然也就不用交税。比如，你用抵押贷款买房，那么借来的那部分钱就不用交税。同样的道理也适用于房屋净值贷款，也就是银行给你的现金。虽然这笔钱不是白来的，你得支付利息并最终偿还，但它确实是免税的。这也是超级富豪们常用的避税手段之一。像贝佐斯和马斯克这样的科技大佬，他们的报酬主要来自公司股票，但他们很少出售这些股票。相反，他们会用股票做抵押，以极低的利率获得大额贷款，然后用这些免税的贷款收益来维持他们奢侈的生活方式（同时还能抵扣利息支出）。这样做还有一个好处，就是他们可以保持在公司里的投票权。私营企业主也常用类似的手段。他们会让公司支付他们的差旅费、娱乐费等，虽然这些费用最终还是出自公司的利润，但因为这样降低了公司的利润，也就减少了个人所得税。不过，这种做法如果过于激进，就可能涉嫌税务欺诈，甚至让企业主的个人资产面临风险。

还有一种方法，就是让别人或者别的"东西"来帮你赚钱，从而让一部分钱根本不计入你的个人收入。一些投资者和企业家会设立公司实体，让公司而不是个人来获取收入。他们可能会选择在低税率地区（如开曼群岛）注册公司，但这不是必需的。有时候，他们也会让家庭成员代为持有资产。律师事务所、医生诊所等专业合伙企业也会利用公司来持有收入，从而减少和延缓税。

当然，我们大部分收入还是需要纳税的。从税务角度看，收入主要分为两类：当期收入和资本利得。当期收入主要是工资、薪金等劳动所得，资本利得则是出售股票、房产等资产获得的利润。虽然税率时有变化，但在美国，资本利得的税率通常低于当期收入的税率。

资本利得税率因收入水平和地区而异。在联邦层面，资本利得税率从低收入家庭的 0 到最高收入者的 23.8% 不等。在州一级，资本利得税率则为 0%~10%，甚至更高。[①] 如果你卖出的资

---

① 不过，有两点重要的限制需要注意：第一，必须持有资产至少一年才能享受较低的税率。第二，在 401(k) 或 IRA 等延税计划中获得的投资利润，虽然在投资期间不征税，但当提取资金时，包括出售资产所得的利润，都将按照普通收入税率征税。

产价格低于买入价，那么产生的资本损失可以从你的收入中扣除，但目前每年最多只能扣除 3 000 美元（超出部分可以结转到以后年度）。

显然，赚取 1 美元的资本利得比赚取 1 美元的当期收入更划算。不过，在通常情况下，你无法改变已经赚取的收入的类别——比如，你不能把工资收入变成资本利得。所以在制订财务计划时，你应该考虑到这两者之间的差异。资本利得的税收优惠是投资如此重要的原因之一，它也让那些通过买卖资产赚钱的行业更具优势，比如对冲基金、私募股权和房地产。然而，再低的税率也是税。当你的股票组合在牛市中飙升，或者你在房价上涨时购入房产，你很容易忘记税收的存在。但美国国税局不会忘记。

这就引出了当期收入。减少当期收入的主要方法是利用抵扣。抵扣主要指美国国会决定可以用来减少应纳税收入的费用。抵扣产生的原因有很多，有些甚至没有明确的理由——美国的应纳税抵扣政策的依据既无可辩驳，又荒诞不经。

不过，对大多数人来说，抵扣的作用已经大不如前。事实上，除了默认的标准抵扣额，只有 10% 的纳税人会使用其他抵扣项目。[16] 2023 年，美国每个成年人的标准抵扣额为 13 850 美元（已婚夫妇为双倍）。也就是说，一个年收入 10 万美元的单身人士，在标准抵扣后，应纳税收入就只剩 86 150 美元了。但这里有个陷阱：如果你选择了标准抵扣，就不能享受其他大部分抵扣项目了。不过，像 401(k) 和个人退休账户这样的退休计划缴款仍然可以抵扣。这意味着，只有当你的各项抵扣加起来超过标准抵扣额时，选择分项抵扣才划算。90%的纳税人不会选择分项抵扣。

对那10%选择分项抵扣的人来说，最大的两项抵扣通常是州所得税和住房抵押贷款利息。注意，这里指的是利息部分，而不是每月的还款额，在贷款初期，利息占了还款额的大部分。此外，医疗费用、大部分慈善捐款、部分教育费用和退休计划缴款也是常见的抵扣项目。但你要注意，很多抵扣项目，比如学生贷款利息，会随着收入的增加而逐步取消。

在面对"可以减税"的承诺时，我们首先要清楚标准抵扣的作用，以及抵扣的实际效果。大部分抵扣项目，包括慈善捐款，只有在你选择分项抵扣而不是标准抵扣时才有效——要知道，90%的纳税人都是选择标准抵扣的。除非你有房贷，否则你的各项抵扣加起来很难超过标准抵扣额。即使有房贷，很多抵扣项目，比如学生贷款利息，也会受到收入限制，通常不能高于10万美元。另外，即使你可以抵扣，也是从收入中抵扣，而不是直接从税款中抵扣。所以，根据你的税率，抵扣能为你省下的钱只有抵扣额的1/3左右。

在美国，还有不同的税收"抵免"政策，主要针对低收入纳税人。有些抵免甚至能让政府给你发钱，因为它们会把纳税人的收入降到零以下。比如，劳动所得税抵免和儿童税收抵免都是通过税收抵免的形式发放的重要社会福利。

对自由职业者来说，税务情况会更复杂一些。好消息是，与工作相关的费用，比如差旅费和设备费，可以从收入中扣除，即使你选择标准抵扣也是如此。但坏消息是，你还要缴纳额外的税，相当于把原本应该由雇主承担的税款也交了。这些额外的税包括自雇税，用于支付社会保障和医疗保险。此外，你还需要在一年中分期预缴税款，而不是像普通上班族那样在 4 月 15 日一次性缴清。如果你有大量的自雇收入，那么最好咨询税务顾问。

在完成所有这些计算后，你的应纳税收入决定了你的税率。但这个税率不是一个单一的数字。所得税税率是分级的，也就是说，随着你的收入增加，税率也会提高，但你只需要为超出部分的收入支付更高的税率。比如 2022 年，单身申报者的前 10 275 美元适用 10% 的税率，接下来的 31 500 美元适用 12% 的税率，再接下来的 47 300 美元适用 22% 的税率，以此类推，直到超过 539 900 美元的部分适用 37% 的最高税率。这一点很重要，因为虽然收入越高，你的整体税率也会越高，但你之前已经交过的税并不会因此改变——你不会因为赚得更多而受到惩罚，只是超出部分的收入会被征收更高的税。

高收入陷阱

随着收入增加而增加的税制被称为累进税制。（这是一个经济学术语，而非政治术语。）累进税制之所以被广泛采用，是因为它考虑了收入的边际效用递减（见图 15-2）。对年收入 3 万美元的人来说，每增加 1 美元的税收都会显著降低他们的生活质量。而对年收入 30 万美元的人来说，1 美元的税收负担就小得多，对年收入 300 万美元的人来说，这点儿税负更是微不足道。

因此，累进税制对低收入者征收较少的税，对高收入者征收较多的税。需要注意的是，只有所得税是累进税。销售税、财产税、汽车登记税以及几乎所有其他形式的税收都是"累退税"，即无论收入多少，每个人都要缴纳相同的税额。这些税收对低收入者的影响更大。

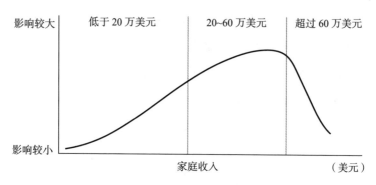

图 15-2　所得税影响

美国的税率体系在一定程度上是累进的，但达到最高档（目前为 53.99 万美元）后就趋于平缓。因此，所得税对高收入人群，如医生、律师、工程师、高级经理等的影响最大，他们的收入接近最高税率，但又达不到更高的级别。这还没算上真正的富豪用来避税的手段。巴菲特就曾说过，他的税率比他的秘书还低。[17]

让我们来比较两个家庭，一个年收入 50 万美元，另一个年收入 200 万美元。后者的税率会高一些（如果他们没有像巴菲特那样的税务律师团队的话），但假设他们都生活在收税高的州，那么两个家庭的税负都差不多是收入的 50%。虽然税率相同，但对生活质量的影响大不相同。年收入 50 万美元的家庭，税后只剩下 25 万美元，这对他们的生活水平影响巨大。而年收入 200 万美元的家庭，即使税后只剩 100 万美元，受到的影响也要小得多。这是因为，一方面，钱的边际效用递减，另一方面，富裕家庭的主要支出——私立学校学费、退休储蓄、房贷车贷都在 50 万美元以下。资本主义社会有层出不穷的商品等着我们去买，但一旦你的税后收入超过 50 万美元，那么剩下的钱基本上都可以用来享受各种各样的奢侈品了。税收让一个年收入 50 万美元的家庭的实际可支配收入变成了 25 万美元；而一个年收入 200 万美元的家庭，即使被征收相当于一半收入的税，实际可支配收入也剩下 100 万美元。后者生活水平受税收的影响比前者的小得多。

然而，这还不是全部。如果把时间线拉长，税收对年收入 50 万美元家庭的相对影响会更大，因为高收入者有更多收入可以转化为资本。一个年收入 200 万美元，每年花费 50 万美元的家庭，可以享受极高的生活水准，这是年收入 50 万美元的家庭（税后只剩 25 万美元）远远无法企及的。而且，即使在这样的消费水平下（每月花费 4 万多美元），他们每年还能剩下 150 万美元用于投资。短短 10 年，以 8% 的年回报率计算，高收入家庭每年投资 150 万美元就能积累近 2 500 万美元的投资基金，每年产生超过 200 万美元的投资收益（按资本利得税率征税）。所以，虽然高收入者通常要缴纳高额所得税，但这对他们的生活质量或财富积累速度几乎没有影响，因为他们能把大量收入转化为资本。

这就是为什么我们说"资本主义"而不是"劳动主义"。财富来自资本投资，而不是劳动工资。一旦你能将大量工资转化为投资资本，你的财富就会像坐上火箭一样，飞速增长。

工资税

工资税也是所得税的一种，但它的计算和缴纳方式要简单得多，尤其是对工薪族来说，工资税会自动从工资中扣除。不过，对自由职业者来说，工资税可能会是个"意外惊喜"。

美国联邦工资税主要有两种：社会保障税和医疗保险税。社会保障税的税率是 12.4%，但其中一半"由雇主承担"，所以在你的工资单上只会显示 6.2%。这里之所以给"由雇主承担"加上引号，是因为公司在雇用你时，就已经把这 6.2% 的税负考虑进去了，所以别被误导了。另外，社会保障税是有上限的。2023 年的上限是 160 200 美元，如果你的年收入超过这个数字，超出的部分就不用再缴纳社保税了。医疗保险税的税率是 2.9%，同样也是由雇主和雇员平摊。医疗保险税没有上限，而且高收入者的税率还会略微提高。大多数州也征收工资税，但税率通常很低，而且有上限。

如果你有工资收入，就没办法避开工资税——它没有抵扣，甚至你存入 401(k) 退休账户的钱也要缴纳工资税。自由职业者很容易忽视工资税，但它的金额可不少。因为你需要同时承担雇主和雇员的部分，所以收入前 16 万美元的工资税总额会超过 15%。

有效税率与边际税率

由于分级所得税率和工资税上限的规定，并不是每一块钱收入的税率都相同，因此对某些人来说，这种差异甚至会影响到他们的人生决策。

这里的关键概念是"有效税率"和"边际税率"的区别。这个概念可能有点儿绕，但请你耐心听我解释，因为它真的很重要。你的有效税率是你总共缴纳的税款占总收入的比例。而边际税率则是你每增加 1 美元收入需要缴纳的税款比例。举个例子，一对夫妻，丈夫年收入 20 万美元，妻子全职在家带孩子。如果他们有房贷，并且做了合理的税务规划，那么他们的应纳税收入只有 13 万美元，联邦所得税和工资税加起来大约是 3.2 万美元，有效联邦税率为 16%。[①]

但如果妻子也出去工作，会发生什么呢？这 16% 的有效税率已经包含了夫妻双方的抵扣、丈夫的社保税上限，以及所得税的累进性质。所以，新增的收入会被征收更高的税率。如果妻子找到一份年薪 10 万美元的工作，那么这笔收入全部都要纳税，还会额外增加 3 万美元的联邦税，也就是 30% 的边际税率。这比你简单地假设 16% 的有效税率适用于所有收入要多缴纳 1.4

---

① 假设有足够的抵押贷款利息和其他扣除项目进行分项抵扣，再加上 401(k) 计划的最高额度供款，他们的应纳税所得额为 13 万美元。因此他们的联邦所得税为 19 800 美元，加上约 12 800 美元的工资税，有效联邦税率为 16%：（19 800 美元 +12 800 美元）/200 000 美元。不过，请注意税法每年都会有所变化，这些具体数字会逐渐过时。

万美元的税。在高税率的州，这个差距可能更大。

这种不均衡的情况在税法中比比皆是，因此，根据你目前的情况来推断未来的税负是存在风险的。收入的增加可能会触发各种税收，并以意想不到的方式减少你的储蓄。同样，税法的微小变化也可能让一些策略失效，同时带来新的机会。因此，在税务规划中，时机的选择至关重要。

延迟纳税策略

在税务规划中，时机是最重要的，基本思路就是将收入分散到不同的时间段，从而降低你一生的有效税率。对普通收入者来说，这通常意味着将收入从你收入最高的年份（或者如果你打算搬进高税率地区或搬出低税率地区，就是收入最高的地点）推迟到其他年份。在高收入年份，你的边际税率会很高——联邦最高税率为37%（应纳税收入达到54万美元时开始），在收税高的州可能还要再加10%甚至更多。如果你能把1美元的收入从边际税率47%的年份推迟到边际税率只有20%的年份，就能省下27美分。光是延迟纳税就能带来27%的回报，这简直太划算了！再加上复利的力量，光是这笔省下来的钱都可以让你在投资中获得双倍的收益。

这就是401(k)和IRA退休计划的优势所在。它们让你可以控制部分收入的纳税时间。这两种计划又分为两种类型：传统型和罗斯型，哪种更好要根据个人情况而定。

401(k)和IRA退休计划的区别比较简单明了。401(k)计划是由雇主提供的，他们会从你的工资中扣除缴款，直接存入你的计划账户。而 IRA 是你自己设立的。此外，401(k) 计划的年度缴款额可以更高，但前提是你的雇主得提供这种计划（自由职业者可以自己设立）。

传统型计划和罗斯型计划之间的区别更为复杂（见图 15-3）。当你把钱存入传统型计划时，这部分钱可以从你当年的应纳税收入中扣除。比如，你的所得税税率是 30%，你往传统型 IRA 账户存了 1 000 美元，你的应纳税收入就会减少 1 000 美元，相当于省了 300 美元的税。而且，这笔钱在计划账户里产生的投资收益也暂时不用交税。不过，当你将来取出这笔钱时，你需要为这些取款（包括它的本金和收益）缴纳所得税。另外，在你 59.5 岁之前，这笔钱是不能随意取出的，提前取出不仅要交税，还要交罚金。而到了 73 岁，你就必须开始取款了。

罗斯型计划则正好相反。你存入罗斯型计划的钱不能在当年

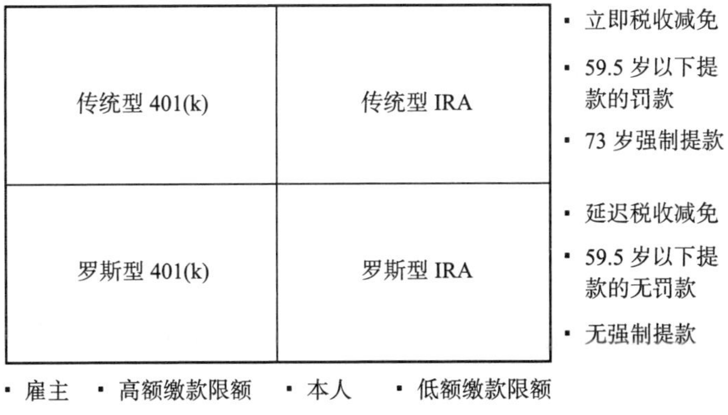

| 传统型 401(k) | 传统型 IRA | ・立即税收减免
・59.5 岁以下提款的罚款
・73 岁强制提款 |
| 罗斯型 401(k) | 罗斯型 IRA | ・延迟税收减免
・59.5 岁以下提款的无罚款
・无强制提款 |

・雇主　・高额缴款限额　　・本人　・低额缴款限额

图 15-3　传统型与罗斯型计划的区别

抵扣税款，但将来取款时，包括投资收益在内，全部免税。而且，你可以随时取出你存入的本金（但不能取出投资收益），也没有严格的取款年龄限制。不过，罗斯型 IRA 账户只对中低收入者开放，而罗斯型 401(k) 账户则没有这个限制。

如果你正处于收入高峰期，可以考虑优先选择传统型 401(k) 和传统型 IRA，因为这样可以按照你目前较高的税率抵扣税款，从而节省当年的税负。但如果你刚开始工作，收入还比较低，那么选择罗斯型 IRA 或罗斯型 401(k) 可能更划算。因为你现在税率低，等退休后，你的财富积累起来了，税率很可能也会更高，到时候取款免税就更划算了。此外，罗斯型计划还有一个好处，就是你可以随时取出部分本金（但不能取出投资收益），以备不时之需。

此外，针对特定情况，还有一些专门的储蓄和税收计划。比如，美国的 529 大学储蓄计划可以帮助家庭为大学学费储蓄，并减少税负；健康储蓄账户则可以让你把一部分收入存起来，用于支付医疗费用，从而免税。这些计划都是延迟纳税的有效工具，也是各种税务策略的核心思想。资本相对于劳动收入的一个优势就在于，你可以自由选择变现的时间：你可以持有升值的资产，直到你需要用钱时再出售，从而推迟纳税；而你赚取的工资收入，则会在你拿到手的同时就被征税。

利用退休计划和其他工具，你可以灵活地调整收入的纳税时间——在边际税率低的时候多获取收入，在边际税率高的时候延迟获取。在你的收入高峰期，延迟纳税通常是你的目标，但在不同年份，最优的策略可能会有所不同。我们的目标是尽量减少一生的纳税总额，而不是某一年的纳税额。当然，在职业生涯早期缴纳的税款比后期缴纳的税款更"昂贵"，因为你失去了用这笔钱投资，让钱生钱的机会。

第十六章

让你受用一生的投资建议

反其道而行之

当所有人都在追逐同一个目标时，我们往往会变得盲目，最终亏损。所以，当别人都在追逐某件事时，我们要学会反其道而行之。起初，资金涌入某个行业会创造一个市场，因为要获得发展，一定的资金是必不可少的。但很快，资金越多，准入价格就越高，回报就越低。当所有人都在迈阿密市买公寓，或者当每个人都能借钱申请学生贷款时，公寓和教育的价格就会上涨（通货膨胀所致），而其回报率会下降。对学生债务来说，你支付的越多，你的学位就越不值钱。在过去的 80 年里，大学文凭提供了巨大的投资回报。然而，近几十年来，我和我高等教育的同行每天都在问自己："如何在减少责任的同时增加薪酬？"由此产生的追求高端形象和大幅提高学费的做法，已经大大削弱了大学学位的投资回报率。由于过度投资严重打击了回报，大约 1/3 的人无法偿还学生贷款。

别被情绪左右

任何比活期存款风险更高的投资都会有亏损的时候。你要知道，这是投资过程中不可避免的一部分，不要反应过度。归根结底，你对损失的承受能力决定了你应该承担多大的风险。

当你遭受损失时，要从中吸取教训。首先，了解自己。问问自己，这次损失对你心理上的打击有多大？你需要多长时间才能恢复过来？这能帮你判断自己是否适合主动投资。其次，分析你的投资策略。亿万富翁、投资大师瑞·达利欧就痴迷从损失中学习。在他的著作《原则》中，他用了 500 多页的篇幅来阐述如何严格分析错误并从中吸取教训。他提倡详细记录自己的决策过程，并在事后回顾，找出问题所在，避免重蹈覆辙。他说："我看到人们最常犯的错误是把问题当作一次性问题来处理，而不是利用它们来诊断自己的决策机制，从而加以改进……虽然彻底而准确的诊断更耗时，但它将来会带来巨大的回报。"[18] 我承认，我没有达利欧那样的自律，很少有人能做到，但当我花时间认真反思自己在投资、商业决策或人际关系中犯下的错误时，也总能如他所说，获得"巨大的回报"。

同样的道理也适用于赢利的时候。要学会"及时止盈"。如果你的某项投资突然大涨，不管是押对了"网红股"，还是你的创业公司成功上市，都要及时获利了结一部分，然后进行多元化投资。你在心理上可能会抗拒这样做，因为如果你昨天赢了，你就会开始相信自己会一直赢下去。但你要记住，万有引力（股价不可能永远上涨）和均值回归（价格终将回归平均水平）是金融世界永恒不变的规律。你可能听说过有人抵押房子买股票，最后赚得盆满钵满的故事，但还有更多这样做的人输得倾家荡产。我自己就曾在红色信封公司（我1997年创立的公司）上不断加码，结果在40岁时几乎破产。所以，该止盈时就止盈吧，这些利润是你应得的。就算事后证明你卖早了，那也是好事。

不要进行日内交易

积极投资和近乎赌博的日内交易之间只有一线之隔，一旦越界，后果将不堪设想。而且，你很可能不是唯一一个"受害者"。在牛市中，人们很容易将运气误认为天赋，将多巴胺的刺激误认为投资的乐趣，这种错误观念就像病毒一样迅速传播。而券商也乐于助长这种"瘾"。糖尿病、高血压，还有在社交媒体上晒炒股收益截图，这些都是现代社会的"富贵病"，早已超出了我们的本能控制。交易，不同于"投资"，它可能会让人感觉像这是在工作，很有成就感，其实它更像是一种赌博，而且赔率更低，还没有免费饮料。一项研究发现，在两年的时间里，只有3%的活跃散户交易者能赢利。[19]最近的日内交易热潮主要是因为数百万（大部分是）被疫情困在家中的年轻人发现了Robinhood等应用程序。这些应用程序通过"撒花庆祝"等方式刺激多巴胺的分泌，而24小时不间断、波动剧烈的加密货币交易成了交易者的"精神鸦片"。

大多数日内交易者的损失还在承受范围内——请注意，是"大多数"。还有一些人面临着灾难性的后果。年轻人，尤其是年轻男性，更容易受到影响，因为他们更倾向于冒险。90%的日内交易者都是男性[20]，而14%的年轻男性会沉迷于赌博[21]（相比之下，只有3%的女性会这样）。当然，大多数人都可以赌博而不至于上瘾，就像大多数人可以喝酒而不至于酗酒一样。但请记住，"大多数"不代表"全部"。

千里之行，始于足下

你掌握的最强大的财富积累工具之一，就是把最重要的资源——你的时间，投入回报率更高的市场，尤其是在你年轻的时候。美国经济在过去两个世纪里持续快速增长的一个重要原因就是美国人骨子里就有"行动"的基因。当你年轻时，你可以尽量多去不同的地方闯一闯，这是你相对那些已经扎根、灵活性较低的年长者的优势。无论你年龄多大，你都要时刻关注新的机会。

从收税高的州搬到收税低的州，这种"套利"行为可能会彻底改变你的生活。佛罗里达州、得克萨斯州和华盛顿州等几个州都没有个人所得税。（华盛顿州最近虽然出台了资本利得税，但有很高的免税额度。）当然，所得税不是唯一的考虑因素，毕竟政府服务总得有人买单。所以在所得税较低的州，销售税或财产税往往较高。但各州的总税负差异很大，具体到你个人，还要看你自己的收入和支出情况。

搬离纽约州、加利福尼亚州等出了名的收税高的州，每年可以为你节省 10% 以上的总收入。如果你能保持稳定的收入水平，并把省下来的税金用于投资，就能更快实现你的长期投资目标。当然，关于住在哪里，你不仅仅要考虑税收的问题，还有其他经济因素和个人因素要考虑。但至少，在比较不同的工作机会，考虑房价和其他因素时，你应该把税收的影响也考虑进去。

- 让收入变成资本：资本是投入运转、创造价值的钱。投资就是用资本换取价值的一部分。财富的积累离不开投资，光靠收入是不够的。

- 了解经济：从单个企业的运营到央行的利率政策，经济生态系统影响着我们所有人。了解经济动态，能帮助你在各个方面做出更明智的决策。

- 分散投资以获得最大回报，而非追求单一高收益：你的目标是获得稳定、长期的收益，让复利发挥作用。这意味着要把资金分散到不同的投资中，而不是全部押注在你认为回报率最高的那个上。

- 将金钱视为交换时间的手段：时间是我们最宝贵的资产，我们用时间换取金钱，再用金钱购买他人用时间创造的成果。投资时，要像珍惜投入的金钱一样珍惜投入的时间。消费时，也要想想，买下这件东西，相当于花掉了你多少工作时间。

- 风险是回报的代价：风险是对可能性的衡量，是赚钱或亏钱的概率。世上没有无风险的投资，所以要确保投资的潜在回报能证明承担的风险是值得的。

- 根据概率和时间来评估回报：今天的钱比明天能拿到的钱更值钱，而明天的钱又比一年后能拿到的钱更值钱。同样，可靠来源承诺的回报比未知或不可靠来源的回报更值得信赖。

■ 主要投资于被动管理、分散风险的低成本证券：ETF 是散户投资者的最佳选择。它们能提供被动的多元化投资，风险也更透明。

■ 留出一小部分储蓄用于主动的市场投资：我建议从你第一笔存下的 1 万美元中拿出 20%，用来买卖个股、投资大宗商品，或者在市场上"玩儿一下"。你可以通过实践来学习，感受一下市场的输赢。同时，要认真记录你的投资、费用、收益、亏损和税务情况。

■ 在合适的时候买房：在大多数情况下，房地产是资产之王，而买房是大多数人投资房地产的方式。它相当于一种强制储蓄，是一种你每天都能从中受益的投资，可以成为你投资组合的压舱石。但如果你想扬帆远航，压舱石就没用了。因此，买房首先应该考虑这是否符合你当前的人生阶段和需求，其次才是将其作为一项投资的考量。

■ 警惕费用：金融市场是靠费用运转的，你的资金每移动一次，都会被"切"走一小块。这些费用往往隐藏在细则中，用容易被忽视的小数字来计算，但日积月累会大幅降低你的回报。

■ 留意税收：税收是所有费用中最大的一项，它会显著影响你的投资回报。不了解税收影响，你就无法真正了解一项投资。

■ 把握纳税时机：通过传统型 IRA 或传统型 401(k) 进行投资，

你可以推迟纳税，从而提高收益，有时甚至可以推迟几十年。通过罗斯型退休账户进行投资，你则需要现在缴税，以换取未来免税的收入。哪种选择更适合你，取决于你当前和未来可能的情况。

■ 控制情绪：情绪很重要，是做出正确决策的关键。但投资往往会激发强烈的情绪，这些情绪可能会干扰你做出理性的判断。

■ 不要进行日内交易：如果你想把证券交易作为日常工作，那么不妨把它当成全职工作来做。如果你的才能适合这个领域，它就可能会是一份很棒的职业。但如果这只是你的业余爱好，你就千万别痴迷它。否则，你失去的将不仅仅是金钱，还有比金钱更宝贵的东西——时间。

后记

生命的意义

———

　　人生在世，所有有意义的事，都离不开他人，是给予他人支持与爱，也是接受他人给予的温暖。没有任何成就是孤军奋战得来的。

　　当妈妈第3次被诊断出癌症时，我们知道，这一天还是来了。在生命的最后一周，她总是觉得冷，止不住地发抖。无论我们把暖气开到多大，给她盖多少层被子，都无济于事。最后，我本能地把她抱在怀里，就像小时候她哄我睡觉那样。渐渐地，她的颤抖平息了。被病痛折磨得瘦骨嶙峋的妈妈，只有在儿子的怀抱中才能找到一丝温暖。那一刻，我突然感到，一直以来我所追求的成功和认可终于有了意义。我终于成了一个真正的男人，一个能为家人遮风挡雨的男人。

　　上个周末，我把所有时间都给了儿子，我说："想玩儿什么爸爸都陪你。"于是我们一起看了场切尔西足球俱乐部的球赛，又去了伦敦的巴特西发电站商场和卸煤厂购物中心，还有逛商场，这可是我以前从来不做的事。我们一起挑了双耐克足球鞋，排队买了冰激凌，还坐"烟囱电梯"登上了巴特西电站的顶楼。告诉你一个小秘密：小孩子都喜欢登高望远，好像能把整个世界都踩在脚下似的。

我之所以能够照顾妈妈、宠爱儿子（他以我妈妈的名字作为中间名），是因为我骨子里的亲情和为人父母的本能。而我的经济基础，让我可以更好地释放这些本能。我可以放下工作，想尽一切办法，让妈妈能在家中安详离世，而不是在被陌生人包围的冰冷的病房里死去。当然，就算没有钱，你也可以做孝顺的儿女、慈爱的父母，但经济上的宽裕能让你更从容地生活，不被这个社会压得喘不过气来，从而更好地陪伴家人。

找到自己擅长的、能赚钱的事，然后全力以赴地去做吧。开源节流，攒钱投资，让金钱为你和家人打拼，在你睡觉的时候也能为你创造收益。别忘了分散投资，应对未来的不确定性。同时，保持长远的眼光，要知道，时间比你想象的过得更快。

所有这些努力，都会让你更快地领悟到生命的真谛，让你能活在当下，与生命中最重要的人——你的亲人、爱人、朋友共同分享生命的美好。这就是生命的意义。

人生如此多彩，

斯科特

致谢

书籍与财富一样，都不是凭一己之力打造的。真正的超能力，在于懂得借助他人之力成就伟业，并愿意付出时间与金钱去吸引、维系人才、供应商与合作伙伴。加教授传媒的整个团队使这本书成为可能。以下人员直接参与了本书的编写：

执行制作：贾森·斯塔弗斯、凯瑟琳·狄龙

研究与审稿：埃德·埃尔森、克莱尔·米勒、卡罗琳·沙格林、米娅·西尔韦里奥

平面设计：奥利维娅·里尼-霍尔

自从几年前我们第一次合作《互联网四大》这本书以来，我就一直与经纪人吉姆·莱文、出版商阿德里安·扎克海姆和编辑尼基·帕帕佐普洛斯合作无间。

还要感谢我的好友托德·本森、我在纽约大学斯特恩商学院的同事萨布里纳·豪厄尔教授，以及熊山资本的乔·戴，感谢他们在本书创作过程中提出的宝贵建议。本书封面由泰勒·科姆里

精心设计。

我在第四部分中讲述了赛·科尔德纳的故事，他是一位股票经纪人，在我 13 岁时就对我产生了兴趣。导师的价值难以估量，他们不仅提供实用的建议和支持，更重要的是，他们是我们温暖的人际关系。在科尔德纳的帮助下，我买入了人生中的第一只股票。40 年后的今天，我每天都能享受富足的生活，这要归功于他以及其他许多在我生命中播撒智慧种子的人，他们栽下的树，荫蔽了我，他们自己却从未有机会在树荫下休憩。在我拥有的所有幸运中，有众多导师的指引无疑是最特别的，科尔德纳是其中的第一位导师。

戴维·阿克教授激励我创办了一家品牌战略公司，并为公司的成功做出了重要贡献。沃伦·赫尔曼带我参加了人生中第一次公司董事会，教会我何时该发言、何时该倾听。帕特·康诺利对我和我们初创的公司"先知"充满信心，并在 20 世纪 90 年代邀请我们与威廉姆斯–索诺玛公司合作。我对他们的感激之情绵延至今。这本书谨献给所有帮助我实现财富自由，并让我专注地成为一个好公民、好父亲的人。

注释

前言 财富

1. Sheryl Crow and Jeff Trott, "Soak Up the Sun," *C'mon, C'mon*, A&M Records, 2002.

2. Bob Dylan, "It's Alright, Ma (I'm Only Bleeding)," *Bringing It All Back Home*, Columbia Records, 1965.

3. Eylul Tekin, "A Timeline of Affordability: How Have Home Prices and Household Incomes Changed Since 1960?" Clever, August 7, 2022, listwithclever.com/research/home-price-v-income-historical-study.

4. Ronda Kaysen, "'It's Never Our Time': First-Time Home Buyers Face a Brutal Market," *New York Times*, November 11, 2022, www.nytimes.com/2022/11/11/realestate/first-time-buyers-housing-market.html.

5. Erika Giovanetti, "Medical Debt Is the Leading Cause of Bankruptcy, Data Shows: How to Reduce Your Hospital Bills," Fox Business, October 25, 2021, www.foxbusiness.com/personal-finance/medical-debt-bankruptcy-hospital-bill-forgiveness.

6. Janet Adamy and Paul Overberg, "Affluent Americans Still Say 'I Do.' More in the Middle Class Don't," *Wall Street Journal*, March 8, 2020, www.wsj.com/articles/affluent-americans-still-say-i-do-its-the-middle-class-that-does-not-11583691336.

7. "The American Dream Is Fading," Opportunity Insights, Harvard University, opportunityinsights.org/national_trends, accessed August 31, 2023.

8. "How the Young Spend Their Money," *Economist*, January 16, 2023, www.economist.com/business/2023/01/16/how-the-young-spend-their-money.

9. Gary W. Evans, "Childhood Poverty and Blood Pressure Reactivity to and Recovery from an Acute Stressor in Late Adolescence: The Mediating Role of Family Conflict,"

Psychosomatic Medicine 75, no. 7 (2013): 691–700.

第一部分 自律

1. John Gathergood, "Self-Control, Financial Literacy and Consumer Over-Indebtedness," *Journal of Economic Psychology* 33, no. 3 (June 2012): 590–602, doi.org/10.1016/j.joep.2011.11.006.

2. Stephen R. Covey, *The 7 Habits of Highly Effective People: Powerful Lessons in Personal Change*, 30th anniversary edition (New York: Simon & Schuster, 2020), 18–19.

3. Long Ge et al., "Comparison of Dietary Macronutrient Patterns of 14 Popular Named Dietary Programmes for Weight and Cardiovascular Risk Factor Reduction in Adults: Systematic Review and Network Meta-Analysis of Randomised Trials," *BMJ* (April 1, 2020): 696, doi.org/10.1136/bmj.m696.

4. James Clear, *Atomic Habits: An Easy & Proven Way to Build Good Habits & Break Bad Ones* (New York: Avery, 2018), 36.

5. Philip Brickman et al., "Lottery Winners and Accident Victims: Is Happiness Relative?" *Journal of Personality and Social Psychology* 36, no. 8 (August 1978): 917–27, doi.org/10.1037/0022-3514.36.8.917.

6. Erik Lindqvist et al., "Long-Run Effects of Lottery Wealth on Psychological Well-Being," *Review of Economic Studies* 87, no. 6 (November 2020): 2703–26, doi.org/10.1093/restud/rdaa006.

7. Daniel Kahneman and Angus Deaton, "High Income Improves Evaluation of Life but Not Emotional Well-Being," *Proceedings of the National Academy of Sciences of the United States of America* 107, no. 38 (September 2010): 16489–93, www.pnas.org/doi/full/10.1073/pnas.1011492107; Matthew A. Killingsworth, "Experienced Well-Being Rises with Income, Even Above $75,000 Per Year," *Proceedings of the National Academy of Sciences of the United States of America* 118, no. 4 (2021): e2016976118, www.pnas.org/doi/full/10.1073/pnas.2016976118; Matthew A. Killingsworth, Daniel Kahneman, and Barbara Mellers, "Income and Emotional Well-Being: A Conflict Resolved," *Proceedings of the National Academy of Sciences of the United States of America* 120, no. 10 (March 2023): e2208661120, www.pnas.org/doi/full/10.1073/pnas.2208661120. *See also* Aimee Picchi, "One Study Said Happiness Peaked at $75,000 in Income. Now, Economists Say It's Higher—by a Lot," CBS News Money Watch, March 10, 2023, www.cbsnews.com/news/money-happiness-study-daniel-kahneman-500000-versus-75000 (summarizing 2023 paper).

8. Espen Røysamb et al., "Genetics, Personality and Wellbeing: A Twin Study of Traits, Facets, and Life Satisfaction," *Scientific Reports* 8, no. 1 (August 17, 2018): doi.org/10.1038/s41598-018-29881-x.

9. Karl Pillemer, "The Most Surprising Regret of the Very Old—and How You Can

Avoid It," *HuffPost*, April 4, 2013, huffpost.com/entry/how-to-stop-worrying-reduce-stress_b_2989589.

10. Ryan Holiday, *The Obstacle Is the Way* (New York: Portfolio, 2014), 22.

11. Maryam Etemadi et al., "A Review of the Importance of Physical Fitness to Company Performance and Productivity," *American Journal of Applied Sciences* 13, no. 11 (November 2016): 1104–18, doi.org/10.3844/ajassp.2016.1104.1118.

12. Ayse Yemiscigil and Ivo Vlaev, "The Bidirectional Relationship between Sense of Purpose in Life and Physical Activity: A Longitudinal Study," *Journal of Behavioral Medicine* 44, no. 5 (April 23, 2021): 715–25, doi.org/10.1007/s10865-021-00220-2.

13. Ben Singh et al., "Effectiveness of Physical Activity Interventions for Improving Depression, Anxiety and Distress: An Overview of Systematic Reviews," *British Journal of Sports Medicine* 57 (February 16, 2023): 1203–09, doi.org/10.1136/bjsports-2022-106195.

14. Steven Kotler, *The Art of Impossible: A Peak Performance Primer* (New York: Harper Wave, 2023), 47.

15. Regarding flexibility, see: Thalita B. Leite et al., "Effects of Different Number of Sets of Resistance Training on Flexibility," *International Journal of Exercise Science* 10, no. 3 (September 1, 2017): 354–64. For other benefits, see: Suzette Lohmeyer, "Weight Training Isn't Such a Heavy Lift. Here Are 7 Reasons Why You Should Try It," NPR, September 26, 2021, www.npr.org/sections/health-shots/2021/09/26/1040577137/how-to-weight-training-getting-started-tips.

16. Rollin McCraty et al., "The Impact of a New Emotional Self-Management Program on Stress, Emotions, Heart Rate Variability, DHEA and Cortisol," *Integrative Physiological and Behavioral Science* 33, no. 2 (April 1998): 151–70, doi.org/10.1007/bf02688660; Kathryn E. Buchanan and Anat Bardi, "Acts of Kindness and Acts of Novelty Affect Life Satisfaction," *Journal of Social Psychology* 150, no. 3 (May–June 2010): 235–37, doi.org/10.1080/00224540903365554; Ashley V. Whillans et al., "Is Spending Money on Others Good for Your Heart?" *Health Psychology* 35, no. 6 (June 2016), 574–83, doi.org 10.1037/hea0000332.

17. Yao-Hua Law, "Why You Eat More When You're in Company," BBC Future, May 16, 2018, www.bbc.com/future/article/20180430-why-you-eat-more-when-youre-in-company.

18. Nicola McGuigan, J. Mackinson, and A.Whiten, "From Over-Imitation to Super-Copying: Adults Imitate Causally Irrelevant Aspects of Tool Use with Higher Fidelity than Young Children," *British Journal of Psychology* 102, no. 1 (February 2011): 1–18, doi.org/10.1348/000712610x493115.

19. Ad Council, "New Survey Finds Millennials Rely on Friends' Financial Habits to Determine Their Own," PR Newswire, October 30, 2013, www.prnewswire.com/news-releases/new-survey-finds-millennials-rely-on-friends-financial-habits-to-

20. Jay L. Zagorsky, "Marriage and Divorce's Impact on Wealth," *Journal of Sociology* 41, no. 4 (December 2005): 406–24, doi.org/10.1177/1440783305058478.

21. Life expectancy: Haomiao Jia and Erica I. Lubetkin, "Life Expectancy and Active Life Expectancy by Marital Status Among Older U.S. Adults: Results from the U.S. Medicare Health Outcome Survey (HOS)," *SSM—Population Health* 12 (August 2020): 100642, doi.org/10.1016/j.ssmph.2020.100642; Lyman Stone, "Does Getting Married Really Make You Happier?" Institute for Family Studies (February 7, 2022), ifstudies.org/blog/does-getting-married-really-make-you-happier.

22. Zagorsky, "Marriage and Divorce's Impact on Wealth."

23. Taylor Orth, "How and Why Do American Couples Argue?" YouGov, June 1, 2022, today.yougov.com/society/articles/42707-how-and-why-do-american-couples-argue?.

24. "Relationship Intimacy Being Crushed by Financial Tension: AICPA Survey," AICPA & CIMA, February 4, 2021, www.aicpa-cima.com/news/article/relationship-intimacy-being-crushed-by-financial-tension-aicpa-survey.

25. Nathan Yau, "Divorce Rates and Income," FlowingData, May 4, 2021, flowingdata.com/2021/05/04/divorce-rates-and-income.

第二部分 专注

1. Thomas C. Corley, "I Spent 5 Years Analyzing How Rich People Get Rich—and Found There Are Generally 4 Paths to Wealth," *Business Insider*, September 3, 2019, www.businessinsider.com/personal-finance/how-people-get-rich-paths-to-wealth.

2. Bill Burnett and Dave Evans, *Designing Your Life: How to Build a Well-Lived, Joyful Life* (New York: Alfred A. Knopf, 2016), xxiv–iv.

3. Sapna Cheryan and Therese Anne Mortejo, "The Most Common Graduation Advice Tends to Backfire," *New York Times*, May 22, 2023, nytimes.com/2023/05/22/opinion/stem-women-gender-disparity.html.

4. Oliver E. Williams, L. Lacasa, and V. Latora, "Quantifying and Predicting Success in Show Business," *Nature Communications* 10, no. 2256 (June 2019): doi.org/10.1038/s41467-019-10213-0; Mark Mulligan, "The Death of the Long Tail: The Superstar Music Economy," July 14, 2014, www.midiaresearch.com/reports/the-death-of-the-long-tail; "Survey Report: A Study on the Financial State of Visual Artists Today," The Creative Independent, 2018, thecreativeindependent.com/artist-survey; Mathias Bärtl, "YouTubeChannels, Uploads and Views," *Convergence: The International Journal of Research into New Media Technologies* 24, no. 1 (January 2018): 16–32, doi.org/10.1177/1354856517736979; Todd C. Frankel, "Why Almost No One Is Making a Living on YouTube," *Washington Post*, March 2, 2018, www.washingtonpost.com/

news/the-switch/wp/2018/03/02/why-almost-no-one-is-making-a-living-on-youtube.

5. Yi Zhang, M. Salm, and A. V. Soest, "The Effect of Training on Workers' Perceived Job Match Quality," *Empirical Economics* 60, no. 3 (May 2021), 2477–98, doi.org/10.1007/s00181-020-01833-3.

6. Steven Kotler, *The Art of Impossible: A Peak Performance Prime*r (New York: HarperCollins, 2021), 157.

7. Adam Grant, "MBTI, If You Want Me Back, You Need to Change Too," Medium, November 17, 2015, medium.com/@AdamMGrant/mbti-if-you-want-me-back-you-need-to-change-too-c7f1a7b6970; Tomas Chamorro-Premuzic, "Strengths-Based Coaching Can Actually Weaken You," *Harvard Business Review*, January 4, 2016, hbr.org/2016/01/strengths-based-coaching-can-actually-weaken-you.

8. Bostjan Antoncic et al., "The Big Five Personality–Entrepreneurship Relationship: Evidence from Slovenia," *Journal of Small Business Management* 53, no. 3 (2015): 819–41, doi.org/10.1111/jsbm.12089.

9. C. Nieß and T. Biemann, "The Role of Risk Propensity in Predicting Self-Employment," *Journal of Applied Psychology* 99, no. 5 (September 2014): 1000–9, doi.org/10.1037/a0035992.

10. Nicos Nicolaou et al., "Is the Tendency to Engage in Entrepreneurship Genetic?" *Management Science* 54, no. 1 (January 1, 2008): 167–79, doi.org/10.1287/mnsc.1070.0761.

11. Bill Burnett, "Bill Burnett on Transforming Your Work Life," *Literary Hub*, November 1, 2021, YouTube video, 37:11, www.youtube.com/watch?v = af8adeD9uMM.

12. Mariana Mazzucato, *The Entrepreneurial State: Debunking Public vs. Private Sector Myths* (London: Anthem Press, 2013).

13. U.S. Bureau of Labor Statistics, Business Employment Dynamics, www.bls.gov/bdm/us_age_naics_00_table7.txt.

14. Joshua Young, "Journalism Is 'Most Regretted' Major for College Grads," Post Millennial, November 14, 2022, thepostmillennial.com/journalism-is-most-regretted-major-for-college-grads.

15. Derrick Bryson Taylor, "A Cobra Appeared Mid-Flight. The Pilot's Quick Thinking Saved Lives," *New York Times*, April 7, 2023, www.nytimes.com/2023/04/07/world/africa/snake-plane-cobra-pilot.html.

16. Kathryn Kobe and Richard Sch inn, "Small Businesses Generate 44 Percent of U.S. Economic Activity," U.S. Small Business Administration Office of Advocacy, January 30, 2019, advocacy.sba.gov/2019/01/30/small-businesses-generate-44-percent-of-u-s-economic-activity.

17. Anthony Breitzman and Patrick Thomas, "Analysis of Small Business Innovation

in Green Technologies," U.S. Small Business Administration Office of Advocacy, October 1, 2011, advocacy.sba.gov/2011/10/01/analysis-of-small-business-innovation-in-green-technologies.

18. "Electricians: Occupational Outlook Handbook," U.S. Bureau of Labor Statistics, May 15, 2023, www.bls.gov/ooh/construction-and-extraction/electricians.htm.

19. Judy Wohlt, "Plumber Shortage Costing Economy Billions of Dollars," *Ripple Effect: The Voice of Plumbing Manufacturers International* 25, no. 8 (August 2, 2022), issuu.com/pmi-news/docs/2022-august-ripple-effect/s/16499947.

20. Ryan Golden, "Construction's Career Crisis: Recruiters Target Young Workers Driving the Great Resignation," Construction Dive, October 25, 2021, www.constructiondive.com/news/construction-recruiters-aim-to-capitalize-on-young-workers-driving-great-resignation/608507.

21. Pierre-Alexandre Balland et al., "Complex Economic Activities Concentrate in Large Cities," *Nature Human Behavior* 4 (January 2020), doi.org10.1038/s41562-019-0803-3.

22. "Urban Development," World Bank, October 6, 2022, www.worldbank.org/en/topic/urbandevelopment/overview, accessed August 2023.

23. Aaron Drapkin, "41% of Execs Say Remote Employees Less Likely to Be Promoted," Tech.Co, April 13, 2022, tech.co/news/41-execs-remote-employees-less-likely-promoted; "Homeworking Hours, Rewards and Opportunities in the UK: 2011 to 2020," Office for National Statistics, April 19, 2021, www.ons.gov.uk/employmentandlabourmarket/peopleinwork/labourproductivity/articles/homeworkinghoursrewardsandopportunitiesintheuk2011to2020/2021-04-19.

24. Dave Ramsey, *The Total Money Makeover Journal* (Nashville, TN: Nelson Books, 2013), 93.

25. James Clear, *Atomic Habits* (New York: Avery, 2018), 24.

26. Jennifer Bashant, "Developing Grit in Our Students: Why Grit Is Such a Desirable Trait, and Practical Strategies for Teachers and Schools," *Journal for Leadership and Instruction* 13, no. 2 (Fall 2014): 14–17, eric.ed.gov/?id = EJ1081394.

27. Steven Kotler, *The Art of Impossible: A Peak Performance Primer* (New York: HarperCollins, 2023), 72; see also Mae-Hyang Hwang and JeeEun Karin Nam, "Enhancing Grit: Possibility and Intervention Strategies," in *Multidisciplinary Perspectives on Grit*, eds: Llewellyn Ellardus van Zyl, Chantal Olckers, and Leoni van der Vaart (New York: Springer Nature, 2021), 77–93, link.springer.com/chapter/10.1007/978-3-030-57389-8_5.

28. Don Reid, "The Gambler," by Don Schlitz, performed by Kenny Rogers, United Artists, 1978.

29. Annie Duke, *Quit: The Power of Knowing When to Walk Away* (New York:

Portfolio, 2022).

30. David J. Epstein, *Range: Why Generalists Triumph in a Specialized World* (New York: Riverhead Books, 2021).

31. "Wage Growth Tracker," Federal Reserve Bank of Atlanta, www.atlantafed.org/chcs/wage-growth-tracker, accessed June 2023.

32. Craig Copeland, "Trends in Employee Tenure, 1983–2018," *Issue Brief* no. 474, Employee Benefit Research Institute, February 28, 2019, www.ebri.org/content/trends-in-employee-tenure-1983-2018.

33. Bureau of Labor Statistics, "Employee Tenure in 2022," U.S. Department of Labor, September 22, 2022, www.bls.gov/news.release/tenure.nr0.htm.

34. Cate Chapman, "Job Hopping Is the Gen Z Way," LinkedIn News, March 29, 2022, www.linkedin.com/news/story/job-hopping-is-the-gen-z-way-5743786.

35. Sang Eun Woo, "A Study of Ghiselli's Hobo Syndrome," *Journal of Vocational Behavior* 79, no. 2 (2011): 461–69, doi.org/10.1016/j.jvb.2011.02.003.

36. Lisa Quast, "How Becoming a Mentor Can Boost Your Career," *Forbes*, October 31, 2012, www.forbes.com/sites/lisaquast/2011/10/31/how-becoming-a-mentor-can-boost-your-career.

37. James Bennet, "The Bloomberg Way," Atlantic, November 2012, www.theatlantic.com/magazine/archive/2012/11/the-bloomberg-way/309136.

38. Ilana Kowarski and Cole Claybourn, "Find MBAs That Lead to Employment, High Salaries," *US News & World Report*, April 25, 2023, www.usnews.com/education/best-graduate-schools/top-business-schools/articles/mba-salary-jobs.

39. Ramsey, *Total Money Makeover*, 107.

第三部分 时间

1. Delmore Schwartz, "Calmly We Walk Through This April's Day," *Selected Poems* (1938–1958): *Summer Knowledge* (New York: New Directions Publishing Corporation, 1967).

2. Brittany Tausen, "Thinking About Time: Identifying Prospective Temporal Illusions and Their Consequences," *Cognitive Research: Principles and Implications* 7, no. 16 (February 2022), doi.org/10.1186/s41235-022-00368-8.

3. Tausen, "Thinking About Time."

4. Daniel J. Walters and Philip Fernbach, "Investor Memory of Past Performance Is Positively Biased and Predicts Overconfidence," *PNAS* 118, no. 36 (September 2, 2021), www.pnas.org/doi/10.1073/pnas.2026680118.

5. Alex Bryson and George MacKerron, "Are You Happy While You Work?" *Economic Journal* 127, no. 599 (February 2017), doi.org/10.1111/ecoj.12269.

6. Paul Zak, "Measurement Myopia," Drucker Institute, September 4, 2013, www.drucker.institute/thedx/measurement-myopia.

7. Ray Charles Howard et al., "Understanding and Neutralizing the Expense Prediction Bias: The Role of Accessibility, Typicality, and Skewness," *Journal of Marketing Research* 59, no. 2 (December 6, 2021), doi.org/10.1177/00222437211068025.

8. Adam Alter and Abigail Sussman, "The Exception Is the Rule: Underestimating and Overspending on Exceptional Expenses," *Journal of Consumer Research* 39, no. 4 (December 1, 2012), doi.org/10.1086/665833.

9. Leona Tam and Utpal M. Dholakia, "The Effects of Time Frames on Personal Savings Estimates, Saving Behavior, and Financial Decision Making," SSRN (August 2008), doi.org/10.2139/ssrn.1265095.

10. Carmen Reinicke, "56% of Americans Can't Cover a $1,000 Emergency Expense with Savings," CNBC.com, January 19, 2022, www.cnbc.com/2022/01/19/56percent-of-americans-cant-cover-a-1000-emergency-expense-with-savings.html.

11. "What Is Credit Counseling," Consumer Financial Protection Bureau, www.consumerfinance.gov/ask-cfpb/what-is-credit-counseling-en-1451.

12. George Loewenstein, T. Donoghue, and M. Rabin, "Projection Bias in Predicting Future Utility," *Quarterly Journal of Economics* 118, no. 4 (November 2003): 1209–48, doi.org/10.1162/003355303322552784.

13. Brent Orwell, "The Age of Re-retirement: Retirees and the Gig Economy," American Enterprise Institute, August 3, 2021, www.aei.org/poverty-studies/workforce/the-age-of-re-retirement-retirees-and-the-gig-economy.

14. "The Nation's Retirement System: A Comprehensive Re-Evaluation Is Needed to Better Promote Future Retirement Security," U.S. Government Accountability Office, October 18, 2017, www.gao.gov/products/gao-18-111sp.

15. Morgan Housel, *The Psychology of Money* (Hampshire, UK: Harriman House, 2020), 127–28.

第四部分 分散投资

1. Warren Buffett, Berkshire Hathaway Letter to Shareholders 2017, www.berkshirehathaway.co /letters/2017ltr.pdf.

2. Mark Perry, "The SP 500 Index Out-Performed Hedge Funds over the Last 10 Years. And It Wasn't Even Close," American Enterprise Institute, January 7, 2021, www.aei.org/carpe-diem/the-sp-500-index-out-performed-hedge-funds-over-the-last-10-years-and-it-wasnt-even-close.

3. Raphael Auer et al., "Crypto Trading and Bitcoin Prices: Evidence from a New Database of Retail Adoption," BIS Working Papers, No. 1049, November 2022, www.bis.org/publ/work1049.htm.

4. Burton Malkiel, *A Random Walk Down Wall Street* (New York: W. W. Norton & Company, 2023), 180.

5. Malkiel, *A Random Walk Down Wall Street*, 176.

6. Brian Wimmer et al., "The Bumpy Road to Outperformance," Vanguard Research, July 2013, static.vgcontent.info/crp/intl/auw/docs/literature/research/bumpy-road-to-outperformance-TLRV.pdf.

7. Robert L. Heilbroner, "The Wealth of Nations," *Encyclopedia Britannica*, www.britannica.com/topic/the-Wealth-of-Nations, accessed June 2023.

8. Fabrizio Romano, "Cristiano Ronaldo Completes Deal to Join Saudi Arabian Club Al Nassr," *Guardian*, December 30, 2022, www.theguardian.com/football/2022/dec/30/cristiano-ronaldo-al-nassr-saudi-arabia.

9. "Debt to the Penny," FiscalData.Treasury.Gov, fiscaldata.treasury.gov/datasets/debt-to-the-penny/debt-to-the-penny, accessed April 7, 2023.

10. "Did Benjamin Graham Ever Say That 'The Market Is a Weighing Machine'?" *Investing.Ideas's Blog*, Seeking Alpha, July 14, 2020, seekingalpha.com/instablog/50345280-investing-ideas/5471002-benjamin-graham-ever-say-market-is-weighing-machine.

11. Dina Gachman, "Andy Warhol on Business, Celebrity and Life," *Forbes*, August 6, 2013, www.forbes.com/sites/dinagachman/2013/08/06/andy-warhol-on-business-celebrity-and-life.

12. Warren Buffett, Chairman's Letter, February 28, 2001, www.berkshirehathaway.com/2000ar/2000letter.html.

13. Ben Casselman and Jim Tankersley, "As Mortgage- Interest Deduction Vanishes, Housing Market Offers a Shrug," *New York Times*, August 4, 2019, www.nytimes.com/2019/08/04/business/economy/mortgage-interest-deduction-tax.html.

14. J. B. Maverick, "S&P 500 Average Return," Investopedia, May 24, 2023, www.investopedia.com/ask/answers/042415/what-average-annual-return-sp-500.asp.

15. Robert J. Schiller, "The Life-Cycle Personal Accounts Proposal for Social Security: An Evaluation," National Bureau of Economic Research, May 2005, www.nber.org/papers/w11300. See also Dale Kintzel, "Portfolio Theory, Life-Cycle Investing, and Retirement Income," Social Security Administration Policy Brief No. 2007-02.

16. Laura Saunders and Richard Rubin, "Standard Deduction 2020–2021: What It Is and How It Affects Your Taxes," *Wall Street Journal*, April 8, 2021, www.wsj.com/articles/standard-deduction-2020-2021-what-it-is-and-how-it-affects-your-

taxes-11617911161.

17. Chris Isidore, "Buffett Says He's Still Paying Lower Tax Rate Than His Secretary," CNN Business, March 4, 2013, https://money.cnn.com/2013/03/04/news/economy/buffett-secretary-taxes/index.html.

18. Ray Dalio, *Principles* (New York: Simon and Schuster, 2017).

19. Fernando Chague, R. De-Losso, and B.Giovannetti, "Day Trading for a Living?" June 11, 2020, papers.ssrn.com/sol3/papers.cfm?abstract_id = 3423101.

20. "Day Trader Demographics and Statistics in the US," *Zippia*, www.zippia.com/day-trader-jobs/demographics, accessed June 2023.

21. Gloria Wong et al., "Examining Gender Differences for Gambling Engagement and Gambling Problems Among Emerging Adults," *Journal of Gambling* Studies 29, no. 2 (June 2013): 171–89, doi.org/10.1007/s10899-012-9305-1.

参考文献

　　我和我的团队在撰写这本书时，致力于全面探讨积累财富所需的要素。这不是一个数学问题，也不是一系列生活技巧的集合，而是一个全面的个人发展问题。尽管我们对每个主题都进行了深入讨论，但有更多的内容值得挖掘。以下这些图书帮助我们深化了自己的见解，如果你希望进一步探索这些主题，那么我们强烈推荐你阅读它们，你可以深入挖掘，发现更多。

自律与生活技能

1. Allen, David. *Getting Things Done*, revised edition. New York: Pen- guin Books, 2015.

2. Cipolla, Carlo M. *The Basic Laws of Human Stupidity*. New York: Doubleday, 2021.

3. Clear, James. *Atomic Habits*. New York: Avery, 2018.

4. Covey, Stephen R. *The 7 Habits of Highly Effective People*. New York, Free Press, 1989.

5. Dalio, Ray. *Principles*. New York: Simon & Schuster, 2017.

6. Duhigg, Charles. *The Power of Habit*. New York: Random House, 2012.

7. Holiday, Ryan. *The Obstacle Is the Way*. New York: Portfolio, 2014.

8. Kotler, Steven. *The Art of Impossible*. New York: Harper Wave, 2021.

专注与职业规划

1. Bolles, Richard N. *What Color Is Your Parachute?* 2022. New York: Ten Speed Press, 2021.

2. Burnett, Bill, and Dave Evans. *Designing Your Life*. New York: Knopf, 2016.

3. Mulcahy, Diane. *The Gig Economy*. New York: AMACOM, 2016.

4. Newport, Cal. *So Good They Can't Ignore You*. New York: Grand Central Publishing, 2012.

5. Tieger, Paul D., Barbara Barron-Tieger, and Kelly Tieger. *Do What You Are*. New York: Little, Brown and Company, 1992.

财务规划与投资

1. Aliche, Tiffany. *Get Good with Money*. New York: Rodale Books, 2021.

2. Damodaran, Aswath. *Narrative and Numbers*. New York: Columbia University Press, 2017.

3. Graham, Benjamin. *The Intelligent Investor*. New York: Harper & Row, 1949.

4. Greenblatt, Joel. *You Can Be a Stock Market Genius*. New York: Simon & Schuster, 1997.

5. Housel, Morgan. *The Psychology of Money*. Hampshire, UK: Harriman House, 2020.

6. Malkiel, Burton G. *A Random Walk Down Wall Street*, 13th edition. New York: W. W. Norton & Company, 2023.

7. Moss, David. *A Concise Guide to Macroeconomics*. Boston: Harvard Business School Press, 2007.

8. Orman, Suze. *The 9 Steps to Financial Freedom*. New York: Crown Publishers, 1997.

9. Ramsey, Dave. *The Total Money Makeover*: A Proven Plan for Financial Fitness. Nashville, TN: Thomas Nelson, 2003.

10. Robbins, Tony. *Money, Master the Game*. New York: Simon & Schuster, 2014.